工业控制 PLC 基础实训

主　编　龚清林　王德春　邓　勇

副主编　王　骁　徐晓灵　聂坤荣

　　　　张俊佳　杜李萍

主　审　唐春林

西南交通大学出版社

·成　都·

图书在版编目（CIP）数据

工业控制 PLC 基础实训 / 龚清林，王德春，邓勇主编
. —成都：西南交通大学出版社，2019.6（2023.6 重印）
ISBN 978-7-5643-6921-7

Ⅰ. ①工… Ⅱ. ①龚… ②王… ③邓… Ⅲ. ①工业控
制系统 – PLC 技术 – 高等职业教育 – 教学参考资料 Ⅳ.
①TP273②TM571.61

中国版本图书馆 CIP 数据核字（2019）第 118630 号

工业控制 PLC 基础实训

主　编／龚清林　王德春　邓　勇

责任编辑／张文越
封面设计／原谋书装

西南交通大学出版社出版发行
（四川省成都市金牛区二环路北一段 111 号西南交通大学创新大厦 21 楼　610031）
发行部电话：028-87600564　028-87600533
网址：http://www.xnjdcbs.com
印刷：四川森林印务有限责任公司

成品尺寸　185 mm × 260 mm
印张　11　　字数　273 千
版次　2019 年 6 月第 1 版　　印次　2023 年 6 月第 2 次

书号　ISBN 978-7-5643-6921-7
定价　35.00 元

课件咨询电话：028-87600533
图书如有印装质量问题　本社负责退换

前　言

PLC 近年来发展迅猛，不仅广泛运用在工业控制领域，也运用在船舶、飞机、轨道等交通领域上。PLC 目前已成为实现工业自动化的主要手段之一。本书是将传统的“PLC 应用技术”课程理论与当前工业控制领域对 PLC 的控制需求相结合并基于亚龙公司的产品 YL-360 型可编程控制器实训装置而编写的实训指导书。这样不仅能将理论与实践相结合，而且也可适应企业生产的实际需要。

本书围绕着培养学生专业技能这条主线编写，遵循“理论为基础，实践为主导”的指导思想。理论知识以“必需、够用”为原则，强调实践，对实训项目的安排力求真实性和可操作性，注重专业技术应用能力的训练，并且紧密结合生产实际，使学生在模拟真实职业环境完成任务的同时，提高了综合职业能力。

本书的突出特点是：在当前市场众多的 PLC 产品型号中，选取了在我国应用最广泛的西门子小型 PLC S7-200 SMART 作为实践机型，同时也涉及实际工业中会用到的变频器以及触摸屏，使课程内容与企业广泛使用的技术相一致，充分体现了工学结合，突出了教材的实用性。

本书主要内容：

第 1 章介绍了可编程控制器的基础知识、结构、工作原理、特点与分类。

第 2 章介绍了编程软件的使用。

第 3 章通过介绍一系列简单的编程任务，将设备与实际控制要求结合起来讲解。

第 4 章介绍了触摸屏组态软件以及触摸屏与 PLC 的应用。

第 5 章介绍了变频器以及变频器与 PLC 的应用。

本书由重庆公共运输职业学院龚清林、王德春和邓勇主编；重庆公共运输职业学院王骁、徐晓灵、聂坤荣、张俊佳、杜李萍任副主编；重庆运输职业学院黎冬霞、陈泳旭参编，重庆公共运输职业学院唐春林为本书主审。其中：第 1 章由王德春编写，第 2 章由邓勇、徐晓灵编写，第 3 章由龚清林、王骁编写，第 4 章由聂坤荣、张俊佳编写，第 5 章由杜李萍编写。

由于编制水平和经验有限，书中难免有欠妥和错误之处，恳请读者批评指正。

编　者

2019.4

目　录

第 1 章　PLC 的基本知识

1.1　可编程控制器基础知识

可编程逻辑控制器（简称 PLC），是专为工业生产设计的一种数字运算操作的电子装置，它采用一类可编程的存储器，用于其内部存储程序，执行逻辑运算、顺序控制、定时操作等面向用户的指令，通过数字或模拟式输入/输出控制各种类型机械进行生产，是工业控制的核心部分。自 20 世纪 60 年代美国推出可编程逻辑控制器取代传统继电器控制装置以来，PLC 得到了快速发展。同时，PLC 的功能也在不断完善。随着计算机、信号处理等技术的不断发展和用户需求的不断提高，PLC 在开关量处理的基础上增加了模拟量处理和运动控制等功能。

美国汽车工业生产技术要求的发展促进了 PLC 的产生。20 世纪 60 年代，美国通用汽车公司在对工厂生产线进行调整时，发现继电器、接触器控制系统存在体积大、噪声大、维护不方便等问题，于是提出了著名的“通用十条”招标指标。1969 年，第一台可编程控制器（PDP-14）在通用汽车公司的生产线上试用后，效果显著；1971 年，日本研制出第一台可编程控制器（DCS-8）；1974 年，我国开始研制可编程控制器；1977 年，我国在工业应用领域推广 PLC，最初的目的是替代机械开关装置（继电模块）。然而，自从 1968 年以来，PLC 的功能逐渐代替了继电器控制板，现代 PLC 具有更多的功能，其用途从单一过程控制延伸到整个制造系统的控制和监测。

20 世纪 70 年代初出现了微处理器，这使可编程逻辑控制器增加了运算、数据传送及处理等功能，完成了真正具有计算机特征的工业控制装置。20 世纪 70 年代中末期，可编程逻辑控制器进入实用化发展阶段，计算机技术已全面引入可编程控制器中，更高的运算速度、更小的体积、更可靠的工业抗干扰设计奠定了它在现代工业中的地位。20 世纪 80 年代初，可编程逻辑控制器在先进工业国家中已获得广泛应用。世界上生产可编程控制器的国家日益增多，产量日益上升，这标志着可编程控制器已步入成熟阶段。20 世纪 80 年代，是可编程逻辑控制器发展最快的时期，年增长率一直保持为 30%～40%。在这期间，PLC 在处理模拟量能力、数字运算能力等方面得到大幅度提高，如图 1-1 所示为 PLC 的发展实现了工业控制数字化。从此，可编程逻辑控制器逐渐进入过程控制领域，在某些应用上取代了在过程控制领域处于统治地位的 DCS 系统（分布式控制系统）。

到了 20 世纪末期，可编程逻辑控制器的发展特点是更加适应现代工业的需要。这个时期发展出了大型机和超小型机，诞生了各种各样的特殊功能单元，生产了各种人机界面单元、通信单元，使应用可编程逻辑控制器的工业控制设备的配套更加容易。目前，PLC 主要朝着小型化、廉价化、高速化等方向发展，这将使 PLC 具有功能更强、使用更方便等优点。

图 1-1　实现工业数字化

1.2　可编程逻辑控制程序的基本结构

1. 硬件组成

PLC 的硬件主要由中央处理器（CPU）、存储器、输入单元、输出单元、通信接口等部分组成。其中，CPU 是 PLC 的核心，输入部件与输出部件是连接现场输入/输出设备与 CPU 之间的接口电路，通信接口用于与编程器、上位计算机等外设连接，硬件组成图如图 1-2 所示。

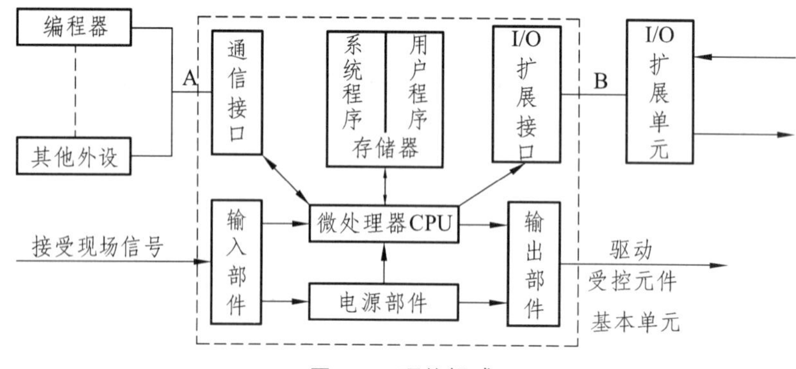

图 1-2　硬件组成

1）中央处理单元（CPU）

CPU 是 PLC 的核心。PLC 中所配置的 CPU 随机型不同而不同，常用的有三类：通用微处理器（如 Z80、8086 等）、单片微处理器（如 8031、8096 等）和位片式微处理器（如 AMD29W 等）。小型 PLC 大多采用 8 位通用微处理器和单片微处理器；中型 PLC 大多采用 16 位通用微处理器或单片微处理器；大型 PLC 大多采用高速位片式微处理器。

2）存储器

存储器主要有两种：一种是可读/写操作的随机存储器 RAM，另一种是只读存储器 ROM、PROM、EPROM 和 EEPROM。在 PLC 中，存储器主要用于存放系统程序、用户程序及工作数据。

3）输入/输出单元

输入/输出单元通常也称 I/O 单元或 I/O 模块，是 PLC 与工业生产现场之间的连接部件。PLC 通过输入接口可以检测被控对象的各种数据，以这些数据作为 PLC 对被控制对象进行控制的依据；同时 PLC 又通过输出接口将处理结果送给被控制对象，以实现控制目的。

I/O 接口的主要类型有：数字量（开关量）输入、数字量（开关量）输出、模拟量输入、模拟量输出等。

4）通信接口

PLC 配有各种通信接口，这些通信接口一般都带有通信处理器。PLC 通过这些通信接口可与监视器、打印机、其他 PLC、计算机等设备实现通信。PLC 与打印机连接，可将过程信息、系统参数等输出打印；与监视器连接，可将控制过程图像显示出来；与其他 PLC 连接，可组成多机系统或连成网络，实现更大规模控制；与计算机连接，可组成多级分布式控制系统，实现控制与管理相结合。远程 I/O 系统也必须配备相应的通信接口模块，通信接口如图 1-3 所示。

图 1-3　PLC 通信接口

5）智能接口模块

智能接口模块是一独立的计算机系统，它有自己的 CPU、系统程序、存储器以及与 PLC 系统总线相连的接口。PLC 的智能接口模块种类很多，如：高速计数模块、闭环控制模块、运动控制模块、中断控制模块等。

6）编程装置

编程装置的作用是编辑、调试、输入用户程序，也可在线监控 PLC 内部状态和参数，与 PLC 进行人机对话。编程装置可以是专用编程器，也可以是配有专用编程软件包的通用计算机系统。专用编程器是由 PLC 厂家生产，专供该厂家生产的某些 PLC 产品使用，它主要由键盘、显示器和外存储器接插口等部件组成。

7）电源

PLC 配有开关电源，以供内部电路使用。与普通电源相比，PLC 电源的稳定性好、抗干扰能力强，对电网提供的电源稳定度要求不高，一般允许电源电压在其额定值±15%内波动。许多 PLC 还向外提供直流 24 V 稳压电源，用于对外部传感器供电。

8）其他外部设备

除了上述部件和设备外，PLC 还有许多外部设备，如 EPROM 写入器、外存储器、人/机接口装置等。

2. 软件组成与分类

PLC 的软件由系统程序和用户程序组成。

系统程序由 PLC 制造厂商设计编写，并存入 PLC 的系统存储器中，用户不能直接读写与更改。系统程序一般包括系统诊断程序、输入处理程序、编译程序、信息传送程序、监控程序等。

用户程序是用户利用 PLC 的编程语言，根据控制要求编制的程序。在 PLC 的应用中，最重要的是用 PLC 的编程语言来编写用户程序，以实现控制目的。各 PLC 型号以及对应的编程软件如下：

1）S7-200 编程软件

STEP 7-Micro/WIN 是西门子 S7-200 编程软件。

它们支持对复杂的任务进行简单的图形参数化，并且可以自动测试可用的存储器操作，生成带备注的功能块等。STEP 7-Micro/WIN 可以为各种复杂的自动化解决方案提供正确的向导。

2）S7-200 SMART 编程软件

STEP 7-Micro/WIN SMART 是专门为 S7-200 SMART 开发的编程软件，能在 Windows XP SP3/Windows 7 上运行，支持 LAD、FBD、STL 语言，其安装文件小于 100 MB。

3）STEP

STEP 7 V5.5 是西门子 S7-300，S7-400，ET200 编程软件。

STEP 7 基本软件是 SIMATIC S7、SIMATIC C7 和 SIMATIC WinAC 自动化系统的标准工具。它使用户可以轻松方便地使用这些系统性能。

4）TIA

STEP 7 V11-TIA Portal 是西门子最新的编程软件，支持的 PLC 有 S7-300，S7-400，S7-1500，S7-1200。

多年来，SIMATIC STEP 7 已经成为编程控制器的通用标准和主要的工程系统。SIMATIC STEP 7 V11 可对模块控制器和基于 SIMATIC PC 的控制器进行组态、编程、测试和诊断。该标准现已经集成到 TIA Portal 工程组态框架中。

1.3 可编程逻辑控制的工作原理

PLC 的工作过程一般可分为 3 个主要阶段：输入采样（输入扫描）阶段、程序执行（执行阶段）阶段和输出刷新（输出扫描）阶段，采用“顺序扫描，不断循环”的方式工作，其工作流程如图 1-4 所示。

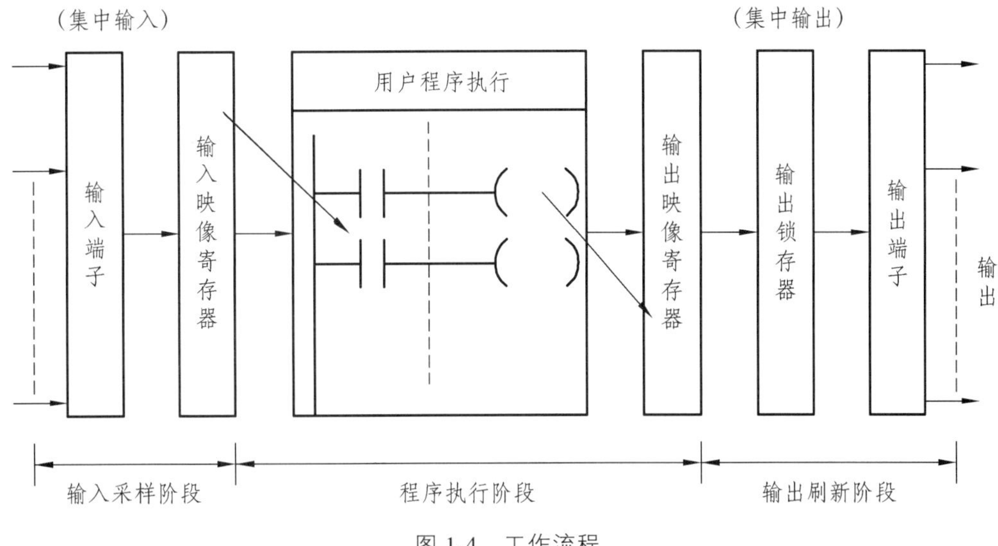

图 1-4 工作流程

1. 输入采样阶段

在输入采样阶段，PLC 控制器以扫描方式依次地读入所有输入状态和数据，并将它们存入 I/O 映像区中的相应的单元内。输入采样结束后，转入用户程序执行和输出刷新阶段。在这两个阶段中，即使输入状态和数据发生变化，I/O 映像区中的相应单元的状态和数据也不会改变。因此，如果输入是脉冲信号，则该脉冲信号的宽度必须大于一个扫描周期，才能保证在任何情况下，该输入均能被读入。

2. 程序执行阶段

在用户程序执行阶段，PLC 控制器总是按由上而下的顺序依次地扫描用户程序（梯形图）。在扫描每一条梯形图时，又总是先扫描梯形图左边的由各触点构成的控制线路，并按先左后右、先上后下的顺序对由触点构成的控制线路进行逻辑运算，然后根据逻辑运算的结果，刷新该逻辑线圈在系统 RAM 存储区中对应位的状态，或者刷新该输出线圈在 I/O 映象区中对应位的状态，或者确定是否要执行该梯形图所规定的特殊功能指令。即在用户程序执行过程中，只有输入点在 I/O 映像区内的状态和数据不会发生变化，而其他输出点和软设备在 I/O 映像区或系统 RAM 存储区内的状态和数据都有可能发生变化，而且排在上面的梯形图，其程序执行结果会对排在下面的凡是用到这些线圈或数据的梯形图起作用；相反，排在下面的梯形图，其被刷新的逻辑线圈的状态或数据只能到下一个扫描周期才能对排在其上面的程序起作用。

3. 输出刷新阶段

当扫描用户程序结束后，PLC 控制器就进入输出刷新阶段。在此期间，CPU 按照 I/O 映像区内对应的状态和数据刷新所有的输出锁存电路，再经输出电路驱动相应的外设。这就是输出刷新。

1.4 PLC 的特点

（1）可靠性高，抗干扰能力强。

PLC 用软件代替大量的中间继电器和时间继电器，仅剩下与输入和输出有关的少量硬件，接线可减少到继电器控制系统的 1/10 甚至 1/100，因触点接触不良造成的故障大为减少。

（2）高可靠性是电气控制设备的关键性能。

PLC 由于采用现代大规模集成电路技术，采用严格的生产工艺制造，内部电路采取了先进的抗干扰技术，具有很高的可靠性。

（3）硬件配套齐全，功能完善，适用性强。

PLC 发展到今天，已经形成了大、中、小各种规模的系列化产品，并且已经标准化、系列化、模块化，配备有品种齐全的各种硬件装置供用户选用，用户能灵活方便地进行系统配置，组成不同功能、不同规模的系统。PLC 的安装接线也很方便，一般用接线端子连接外部接线。

（4）易学易用，深受工程技术人员欢迎。PLC 作为通用工业控制计算机，是面向工矿企业的工控设备，用于工业控制如图 1-5 所示。

图 1-5　PLC 用于工业控制

它接口容易，编程语言易于为工程技术人员接受。梯形图语言的图形符号与表达方式和继电器电路图相当接近，只用 PLC 的少量开关量逻辑控制指令就可以方便地实现继电器电路的功能。

（5）系统的设计、安装、调试工作量小，维护方便，容易改造。PLC 的梯形图程序一般采用顺序控制设计法，容易掌握。PLC 用存储逻辑代替接线逻辑，大大减少了控制设备外部的接线，使控制系统设计及建造的周期大为缩短，同时维护也变得容易起来。

（6）体积小，重量轻，能耗低。以超小型 PLC 为例，新近出产的品种底部尺寸小于 100 mm，仅相当于几个继电器的大小，因此可将开关柜的体积缩小到原来的 1/2 ~ 1/10。它的重量小于 150 g，功耗仅数瓦。

1.5　PLC 的分类

（1）按结构形式分类，可将 PLC 分为整体式和模块式两类。

整体式 PLC：整体式 PLC 是将电源、CPU、I/O 接口等部件都集中装在一个机箱内，具有结构紧凑、体积小、价格低的特点。小型 PLC 一般采用这种整体式结构。整体式 PLC 由不同 I/O 点数的基本单元（又称主机）和扩展单元组成。基本单元内有 CPU、I/O 接口、与 I/O 扩展单元相连的扩展口，以及与编程器或 EPROM 写入器相连的接口等。扩展单元内只有 I/O 和电源等，没有 CPU。基本单元和扩展单元之间一般用扁平电缆连接。整体式 PLC 一般还可配备特殊功能单元，如模拟量单元、位置控制单元等，使其功能得以扩展。

模块式 PLC：模块式 PLC 是将 PLC 各组成部分，分别做成若干个单独的模块，如 CPU 模块、I/O 模块、电源模块（有的含在 CPU 模块中）以及各种功能模块。模块式 PLC 由框架或基板和各种模块组成，模块装在框架或基板的插座上。这种模块式 PLC 的特点是配置灵活，可根据需要选配不同规模的系统，而且装配方便，便于扩展和维修。大、中型 PLC 一般采用模块式结构，S7-300 模块式 PLC 如图 1-6 所示。

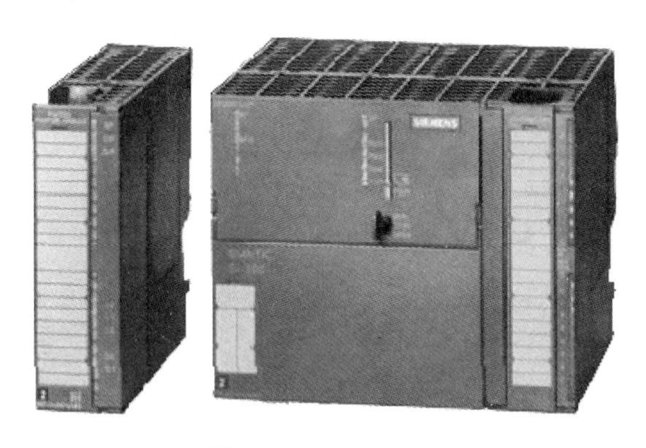

图 1-6　S7-300 PLC

还有一些 PLC 将整体式和模块式的特点结合起来，构成所谓叠装式 PLC。叠装式 PLC 其 CPU、电源、I/O 接口等也是各自独立的模块，但它们之间是靠电缆进行连接，并且各模块可以一层层地叠装。这样，不但系统可以灵活配置，还可做得体积小巧，如图 1-7 的 S7-200 PLC 所示。

图 1-7　S7-200 PLC

（2）按功能分类，可将 PLC 分为低档、中档、高档三类。

低档 PLC：具有逻辑运算、定时、计数、移位以及自诊断、监控等基本功能，还可有少量模拟量输入/输出、算术运算、数据传送和比较、通信等功能。其主要用于逻辑控制、顺序控制或少量模拟量控制的单机控制系统。

中档 PLC：除具有低挡 PLC 的功能外，还具有较强的模拟量输入/输出、算术运算、数据传送和比较、数制转换、远程 I/O、子程序、通信联网等功能。有些还可增设中断控制、PID 控制等功能，适用于复杂控制系统。

高档 PLC：除具有中挡机的功能外，还增加了带符号算术运算、矩阵运算、位逻辑运算、平方根运算及其他特殊功能函数的运算、制表及表格传送功能等。高档 PLC 机具有更强的通信联网功能，可用于大规模过程控制或构成分布式网络控制系统，实现工厂自动化。

（3）按 I/O 点数分类，可将 PLC 分为小型、中型和大型三类。

小型 PLC：I/O 点数< 256 点；单 CPU，8 位或 16 位处理器，用户存储器容量 4KB 以下。

中型 PLC：I/O 点数 256 ~ 2048 点；双 CPU，用户存储器容量 2 ~ 8KB。

大型 PLC：I/O 点数> 2048 点；多 CPU，16 位、32 位处理器，用户存储器容量 8 ~ 16KB。

1.5.1 SIEMENS S7-200 SMART 可编程控制器简介

西门子 S7-200 SMART 系列小型 PLC 可应用于各种自动化系统。紧凑的结构、低廉的成本以及功能强大的指令使得 S7-200 SMART PLC 可以控制各种设备以满足自动化控制需要。根据用户程序控制逻辑监视输入并更改输出状态，用户程序可以包含布尔逻辑、计数、定时、复杂数学运算以及与其他智能设备的通信。S7-200 SMART 结构紧凑、组态灵活且具有功能强大的指令集，这些优势的组合使它成为控制各种应用的完美解决方案。S7-200 SMART 系列外观如图 1-8 所示。

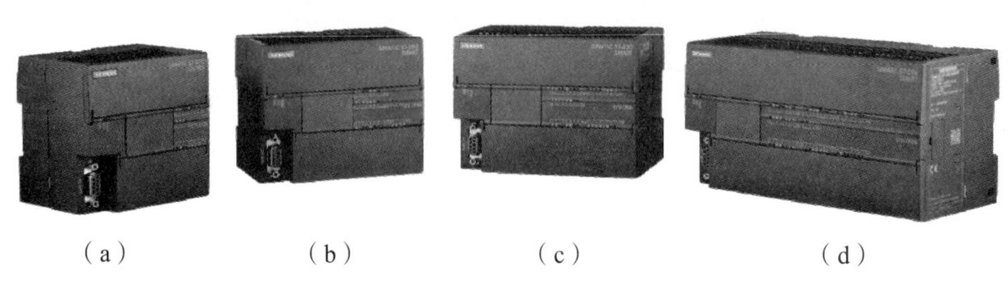

（a）　　（b）　　（c）　　（d）

图 1-8　S7-200 SMART 系列

S7-200 SMART 输入分为源型和漏型，源型共阴极接线输入，漏型共阳极接线输入。S7-200 SMART 输出类型分为经济型（C）和标准型（S），经济型又分为经济型晶体管（CT）和经济型继电器（CR），标准型亦同样分为标准型晶体管（ST）和标准型继电器（SR）。

SIMATIC S7-200 SMART 是西门子公司经过大量市场调研，为中国客户量身定制的一款高性价比小型 PLC 产品。其具有以下特点：

（1）机型丰富，更多选择。

它提供不同类型、I/O 点数丰富的 CPU 模块，单体 I/O 点数最高可达 60 点，可满足大部分小型自动化设备的控制需求。另外，CPU 模块配备标准型和经济型供用户选择，对于不同的应用需求，产品配置更加灵活，最大限度地控制成本。

（2）选件扩展，精确定制。

新颖的信号板设计可扩展通信端口、数字量通道、模拟量通道。在不额外占用电控柜空间的前提下，信号板扩展能更加贴合用户的实际配置，提升产品的利用率，同时降低用户的扩展成本。

（3）高速芯片，性能卓越。

配备西门子专用高速处理器芯片，基本指令执行时间可达 0.15 μs，在同级别小型 PLC 中遥遥领先。一颗强有力的“芯”，能让用户在应对繁琐的程序逻辑、复杂的工艺要求时表现的从容不迫。

（4）以太互联，经济便捷。

CPU 模块本体标配以太网接口，集成了强大的以太网通信功能。一根普通的网线即可将程序下载到 PLC 中，方便快捷，省去了专用编程电缆。通过以太网接口还可与其他 CPU 模块、触摸屏、计算机进行通信，轻松组网，以太网通信如图 1-9 所示。

（5）三轴脉冲，运动自如。

CPU 模块本体最多集成三路高速脉冲输出，频率高达 100 kHz，支持 PWM/PTO 输出方式以及多种运动模式，可自由设置运动包络。配以方便易用的向导设置功能，快速实现设备调速、定位等功能。

（6）通用 SD 卡，快速更新。

本机集成 Micro SD 卡插槽，使用市面上通用的 Micro SD 卡即可实现程序的更新和 PLC 固件升级，极大地方便了客户工程师对最终用户的服务支持，也省去了因 PLC 固件升级而返厂服务的不便，PLC 中插入 Micro SD 卡如图 1-10 所示。

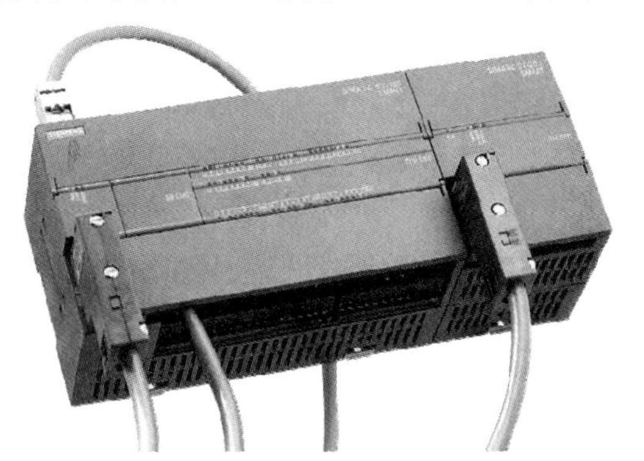

图 1-9　200 SMART 以太网通信

图 1-10　PLC 中插入 Micro SD 卡

（7）软件友好，编程高效。

在继承西门子编程软件强大功能的基础上，融入了更多的人性化设计，如新颖的带状式菜单、全移动式界面窗口、方便的程序注释功能、强大的密码保护等。在体验强大功能的同时，大幅提高了开发效率，缩短了产品上市时间。

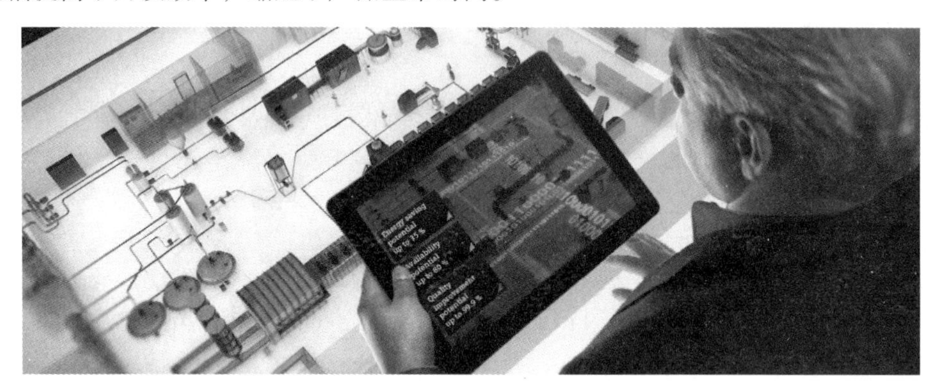

（8）完美整合，无缝集成。

SIMATIC S7-200 SMART 可编程控制器、SIMATIC SMART LINE 触摸屏、SINAMICS V20 变频器和 SINAMICS V90 伺服驱动系统完美整合，为 OEM 客户带来高性价比的小型自动化解决方案，满足客户对于人机交互、控制、驱动等功能的全方位需求。

本实训设备 PLC 主机选择的是 S7-200 SMART CPU SR40（AC/DC/RLY）和一个模拟量扩展模块 EMAM06，有 24 个输入点，16 个输出点，各部分结构如图 1-11 所示。

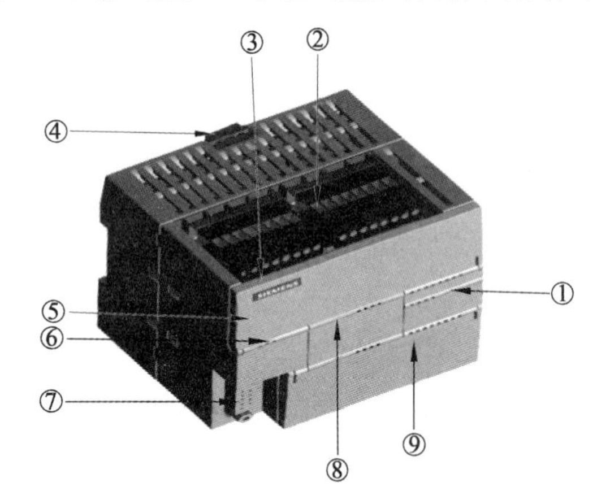

图 1-11　S7-200 SMART PLC 结构

①—I/O 的 LED；②—端子连接器；③—以太网通信端口；④—用于在标准（DIN）导轨上安装的夹片；⑤—以太网状态 LED（保护盖下方）：LINK，RX/TX；⑥—状态 LED：RUN、STOP 和 ERROR；⑦—RS485 通信端口；⑧—可选信号板（仅限标准型）；⑨—存储卡读卡器（保护盖下方）

S7-200 SMART PLC 的功能强大，配有各种功能的接口以便于满足使用者不同的需求，在 CPU SR40 中其各功能的介绍与分配表如表 1-1 所示。

表 1-1　S7-200 SMART CPU SR40 功能分配

功能	参数
数字量输入	24 输入
数字量输出	16 输出
数字 I/O 映像区	256 位输入/256 位输出
模拟 I/O 映像区	56 个字的输入/56 个字的输出
允许最大的 I/O 扩展模块	6 个模块
允许最大的信号板扩展模块	1 个模块
单相计数器	4 个 200 kHz+2 个 30 kHz
正交相位计数器	2 个 200 kHz+2 个 30 kHz
脉冲输出	—
定时器总数	256 个
非保持	192 个
保持性	64 个
计数器总数	256 个
循环中断	2 个 1 ms 分辨率

1.5.2　SIEMENS S7-300 可编程控制器简介

S7-300 是德国西门子公司生产的可编程序控制器（PLC）系列产品之一。其模块化结构、易于实现分布式的配置以及性价比高、电磁兼容性强、抗震动冲击性能好等特点，使其在广泛的工业控制领域中，成为一种既经济又切合实际的解决方案，S7-300 PLC 外观如图 1-12 所示。

图 1-12　S7-300 PLC 外观

1. S7-300 PLC 特点

S7-300 属于中型 PLC，其功能强大，其特点如下：

（1）循环周期短、处理速度高。

（2）指令集功能强大（包含 350 多条指令），可用于复杂功能。

（3）产品设计紧凑，可用于空间有限的场合。

（4）模块化结构，设计更加灵活。

（5）有不同性能档次的 CPU 模块可供选用。

（6）功能模块和 I/O 模块可选择。

（7）有可在露天恶劣条件下使用的模块类型。

2. S7-300 PLC 组成

S7-300 PLC 由以下部件组成：

（1）导轨（Rail）：S7-300 的模块机架（起物理支撑作用，无背板总线）。

（2）电源模块（PS）：将市电电压（AC 120/230 V）转换为 DC 24 V，为 CPU 和 24 V 直流负载电路（信号模块、传感器、执行器等）提供直流电源。输出电流有 2 A、5 A、10 A 三种。其中，若绿色 LED 灯长亮，则表明 PLC 正常运行；若绿色 LED 灯长闪烁，则表明 PLC 过载；若绿色 LED 灯暗，则表明 PLC 短路。

3. CPU 模块

各种 CPU 有不同的性能，例如有的 CPU 集成有数字量和模拟量输入/输出点，有的 CPU 集成有 PROFIBUS－DP 等通信接口。CPU 前面板上有状态故障指示灯、模式开关、24 V 电源端子、电池盒与存储器模块盒（有的 CPU 没有）。

4. 信号模块（SM）

数字量输入模块：DC 24 V，AC 120/230 V。

数字量输出模块：DC 24 V，继电器。

模拟量输入模块：电压，电流，电阻，热电偶。

模拟量输出模块：电压，电流。

5. 功能模块（FM）

功能模块主要用于对时间要求苛刻、存储器容量要求较大的过程信号处理任务。

6. 接口模块（IM）

接口模块用于多机架配置时连接主机架（CR）和扩展机架（ER）。S7－300 通过分布式的主机架和 3 个扩展机架，最多可以配置 32 个信号模块、功能模块和通信处理器。

7. 通信处理器（CP）

扩展中央处理单元的通信任务。

1.5.3 SIEMENS S7-400 可编程控制器简介

西门子 S7-400 是用于中、高档性能范围的可编程序控制器。西门子 S7-400 PLC 的主要特色为：极高的处理速度、强大的通信性能和卓越的 CPU 资源裕量，其外观如图 1-13 所示。

图 1-13 S7-400 PLC 外观

1. S7-400 PLC 特点

S7-400 PLC 采用模块化无风扇的设计，可靠耐用，同时可以选用多种级别（功能逐步升级）的 CPU，并配有多种通用功能的模板，这使用户能根据需要组合成不同的专用系统。当控制系统规模扩大或升级时，只要适当地增加一些模板，便能使系统升级和充分满足需要。

S7-400 PLC 还提供系统冗余功能(图 1-14),PLC 中关键模块或网络在设计上有一个备份。当系统发生故障时，冗余配置的部件介入并承担故障部件的工作。比如 CPU 冗余模块，作用是当控制 CPU 损坏冗余模块立即顶替故障部件工作。冗余功能主要用于停机保护、避免控制器故障引起的停机、避免因工厂故障造成数据丢失而导致的高昂重启成本。

2. S7-400 PLC 组成

S7-400 自动化系统采用模块化设计。它所具有的模板的扩展和配置功能使其能够按照每个不同的需求灵活组合。一个系统包括：电源模板（PS）、中央处理单元（CPU）、各种信号模板（SM）、通信模板（CP）、功能模板（FM）、接口模板（IM）、SIMATICS5 模板，组成如图 1-15 所示。

图 1-14　S7-400 PLC 冗余

图 1-15　S7-400 PLC 组成

1.5.4　SIEMENS S7-1200 可编程控制器简介

SIMATIC S7-1200 是一款紧凑型、模块化的 PLC，可完成简单逻辑控制、高级逻辑控制、HMI 和网络通信等任务，是单机小型自动化系统的完美解决方案。对于需要网络通信功能和单屏或多屏 HMI 的自动化系统，易于设计和实施，具有支持小型运动控制系统、过程控制系统的高级应用功能。

1. S7-1200 特点

制造行业中的创新系统解决方案——模块化控制器 SIMATIC S7-1200 控制器具有模块化、结构紧凑、功能全面等特点，适用于多种应用，能够保障现有投资的长期安全。由于该控制器具有可扩展的灵活设计，符合工业通信最高标准的通信接口，以及全面的集成工艺功能，因此它可以作为一个组件集成在完整的综合自动化解决方案中。

2. S7-1200 组成

其组成有：

（1）控制器，带有集成 PROFINET 接口，用于编程设备、HMI 或其他 SIMATIC 控制器之间通信。

（2）信号板，可直接插入到控制器。

（3）信号模块，用于扩展控制器输入和输出通道。

（4）通信模块，用于扩展控制器通信接口。

（5）附件，如电源、开关模块及 SIMATIC 存储卡。S7-1200 PLC 如图 1-16 所示。

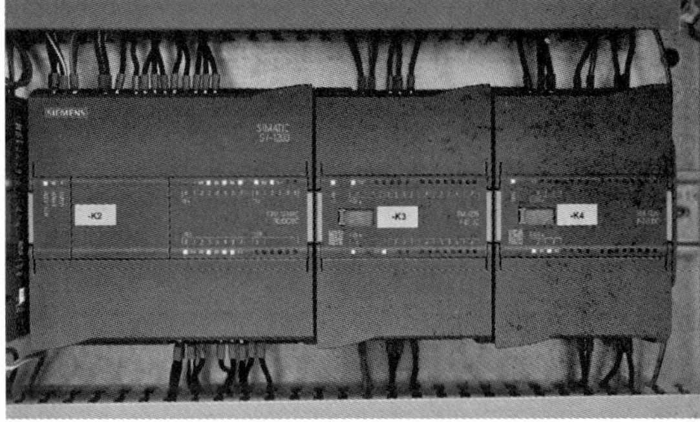

图 1-16　S7-1200 PLC

1.5.5　SIEMENS S7-1500 可编程控制器简介

S7-1500 系列 PLC 主要用于中高端工厂自动化控制系统，适合较复杂的应用。

S7-1500CPU 模块有标准型、紧凑型、分布型三种类型。

1. S7-1500 特点

西门子 S7-1500 PLC（图 1-17）是替代 S7-300/400 的新一代 PLC，其软件平台为 TIA 博途。

可供用户使用的资源充足，作为新一代大中型 PLC，S7-1500 比 S7-300/400 的各项指标有很大的提高。CPU1516-3PN 编程用的块的总数最多为 6 000 个，数据块最大 5 MB，FB、FC、OB 最大 512 kB。用于程序的工作存储器 5 MB，用于数据的工作存储器 1 MB。插槽式装载存储器（SIMATIC 存储卡）最大 2 GB，可存储项目数据、归档、配方和有关的文档。

S7 定时器、计数器分别有 2048 个，IEC 定时器、计数器的数量不受限制。位存储器（M）16 kB。

图 1-17　S7-1500 PLC

I/O 模块最多 8192 个，过程映像分区最多 32 个，过程映像输入、输出分别为 32 kB。每个机架最多 32 个模块。

运动控制功能最多支持 20 个速度控制轴、定位轴和外部编码器，有高速计数和测量功能。

位操作指令的处理时间典型值为 10 ns，换句话说，每一微秒可处理 10 万条位操作指令。浮点数运算指令的处理时间典型值为 64 ns。

S7-1500 采用当前最快的背板总线和高效的传输协议，保证了快速信号处理。点到点的反应时间不到 500μs。

AI、AO 模块的分辨率均为 16 位，8 点 AI 模块每个模块的转换时间为 125 μs。数字量输入模块具有 50 μs 的超短输入延时。

用于计数、测量和定位输入的工艺模块 TMPosInput 的最高信号频率为 1 MHz，4 倍速时为 4 MHz。可用 RS-422 接口连接脉冲编码器，支持等式模式、诊断中断和硬件中断。

2. S7-1500 组成

- 一个中央处理器（CPU），用于执行用户程序。
- 一个或多个电源。
- 信号模块，用作输入/输出。
- 相应的工艺模块和通信模块。

S7-1500 PLC 应用如图 1-18 所示。

（a）

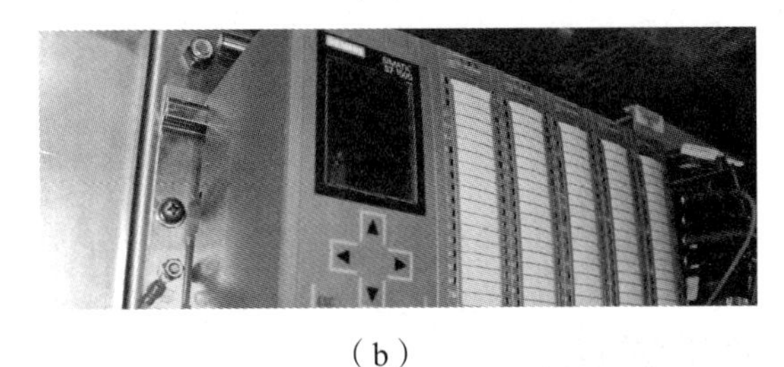

（b）

图 1-18　S7-1500 PLC 应用

1.6　SIEMENS TIA 博途（全集成自动化软件 TIA portal）可编程控制器简介

1. 全集成概念

TIA 博途作为一切未来软件工程组态包的基础，可对西门子全集成自动化中涉及的所有自动化和驱动产品进行组态、编程和调试（图 1-19）。例如，用于 SIMATIC 控制器的新型 SIMATIC STEP 7 V11 自动化软件以及用于 SIMATIC 人机界面和过程可视化应用的 SIMATIC WinCC V11。作为西门子所有软件工程组态包的一个集成组件，TIA 博途平台在所有组态界面间提供高级共享服务，向用户提供统一的导航并确保系统操作的一致性。例如，自动化系统中的所有设备和网络可在一个共享编辑器内进行组态。在此共享软件平台中，项目导航、库概念、数据管理、项目存储、诊断和在线功能等作为标准配置提供给用户。统一的软件开发环境由可编程控制器、人机界面和驱动装置组成，有利于提高整个自动化项目的效率。此外，TIA 博途在控制参数、程序块、变量、消息等数据管理方面，所有数据只需输入一次，大大减少了自动化项目的软件工程组态时间，降低了成本。TIA 博途的设计基于面向对象和集中数据管理，避免了数据输入错误，实现了无缝的数据一致性。使用项目范围的交叉索引系统，用户可在整个自动化项目内轻松查找数据和程序块，极大地缩短了软件项目的故障诊断和调试时间。

图 1-19　TIA 界面

TIA 博途采用此新型、统一软件框架，可在同一开发环境中组态西门子的所有可编程控制器、人机界面和驱动装置（图 1-20）。在控制器、驱动装置和人机界面之间建立通信时的共享任务，可大大降低连接和组态成本。例如，用户可方便地将变量从可编程控制器拖放到人机界面设备的画面中，然后在人机界面内即时分配变量，并在后台自动建立控制器与人机界面的连接，无需手动组态。

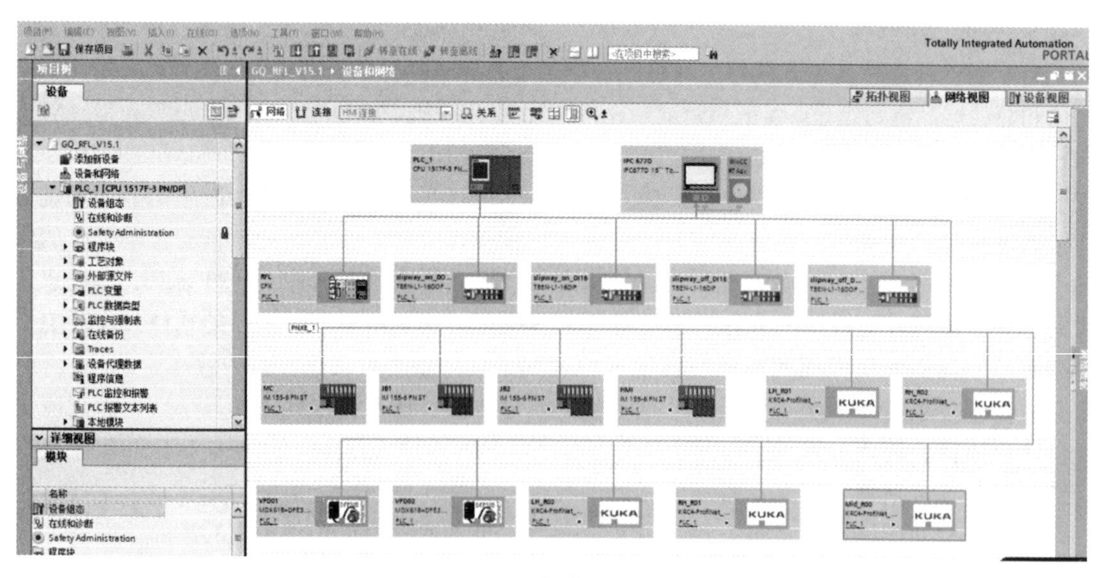

图 1-20　组态界面图

3. TIA V12 介绍

SIMATIC STEP 7 V12 是基于 TIA 博途平台的全新的工程组态软件，支持 SIMATIC S7-1500、SIMATIC S7-1200、SIMATIC S7-300 和 SIMATIC S7-400 控制器，同时也支持基于 PC 的 SIMATIC WinAC 自动化系统。由于支持各种可编程控制器，SIMATIC STEP 7 V12 具有可灵活扩展的软件工程组态能力和性能，能够满足自动化系统的各种要求。这种可扩展性的优点表现为：可将 SIMATIC 控制器和人机界面设备的已有组态传输到新的软件项目中，使得软件移植任务所需的时间和成本显著减少。

4. TIA V13 介绍

TIA V13 可对 SIMATIC 控制器 S7-1200、S7-300、S7-400、基于 PC 的 WinAC 控制器和新型 S7-1500 进行组态和编程。它适用于所有自动化组件的诊断和在线功能，包含集成运动控制、工艺功能和人机界面编程。

V13 特性：

（1）编程语言创新之举：高效的程序编辑器，统一的符号化编程。

（2）易于使用的在线功能：操作过程中可执行硬件检测，软件上传和块扩展，S7-1500（PLCSim）仿真，以及在 RUN 模式下进行下载。

（3）集成系统诊断：STEP 7、CPU 显示屏、Web Server 和 HMI 采用统一的显示机制，无需任何组态费用，可实现 4 路实时 Trace 功能。

（4）工艺集成功能：集成各种工艺对象，适用于运动控制序列和 PID 控制功能。

（5）多级信息安全保护机制：集成的信息安全功能对项目和系统进行保护，包括专有知识保护、防拷贝保护、4 级访问保护机制以及操作保护机。

5. TIA V14 介绍

侧重于诊断、虚拟调试和多用户操作的扩展功能满足数字化企业功能和“工业 4.0”要求。

TIA 博途 V14 有助于在运营期间降低工程要求和增加数据可视性。用户可在最大限度降低配置和可视化成本的情况下，实现详尽的工厂和机器监控。其中的 ProDiag 可以检测用户进程中的错误，并在显示设备上提供关于这些错误的信息，以及关于如何纠正错误。其中的 SIMATIC 能源套件有助于实现对多个测量元件的参数赋值和评测，所需控制程序只需按下按钮即可生成。可增加能源流的透明度，并有助于实现 ISO 50001 规定的节能标准。用户能够轻易获得能源数据，并将其集成于自动化解决方案。WinCC/WebUX 不仅有助于监控工厂过程，而且用户还可利用移动终端（如智能手机），通过互联网或内部网对过程予以控制。过程数据可在全球各地获得。TIA 博途 V14 现可让所有 SIMATIC S7 控制器具备 OPC UA 服务器功能，用于确保与制造执行系统的标准化连接，实现纵向工厂一体化。

5. TIA V15 介绍

TIA 博途 V15 版本工程软件平台侧重于应用、集成了高级语言应用及其他驱动系统的多功能平台，能够通过 C/C++和 Eclipse 等商业编程工具轻松创建和重用高级语言应用。

它将操作功能和 2D 到 4D 运动学集成于 SIMATIC S7-1500 控制器，可连接并对机器人进行编程。

6. CV11

基于 TIA 博途平台的全新 SIMATIC WinCC V11，支持所有设备级人机界面操作面板，包括所有当前的 SIMATIC 触摸型和多功能面板、新型 SIMATIC 人机界面精简及精致系列面板，也支持基于 PC 的 SCADA（监控控制和数据采集）过程可视化系统。操作界面如图 1-21 所示。

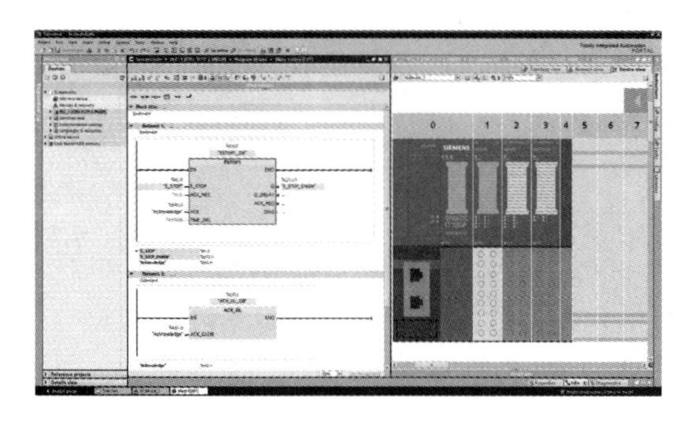

（a）

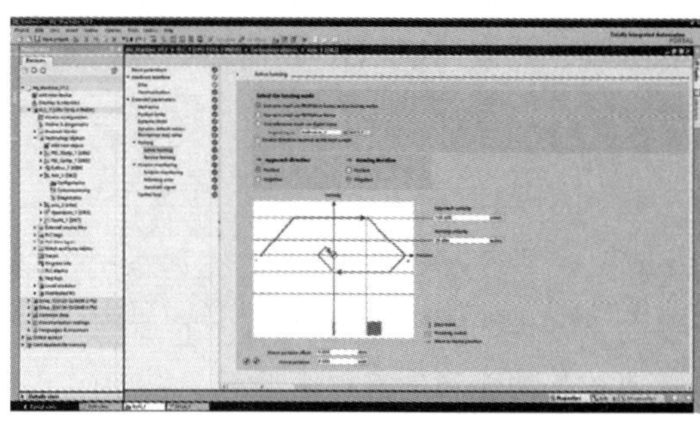

（b）

图 1-21　SIEMENS TIA 博途操作界面

1.7　PLC 的发展趋势

随着 PLC 应用领域日益扩大，PLC 技术及其产品结构都在不断改进，功能日益强大，性价比越来越高。在产品规模方面，向两极发展。一方面，大力发展速度更快、性价比更高的小型和超小型 PLC，以适应单机及小型自动控制的需要；另一方面，向高速度、大容量、技术完善的大型 PLC 方向发展。随着复杂系统控制的要求越来越高和微处理器与计算机技术的不断发展，人们对 PLC 的信息处理速度要求也越来越高，要求用户存储器容量也越来越大。发展趋势也向各个方向发展。

1. 向通信网络化发展

PLC 网络控制是当前控制系统和 PLC 技术发展的潮流。PLC 与 PLC 之间的联网通信、PLC 与上位计算机的联网通信已得到广泛应用。目前，PLC 制造商都在发展自己专用的通信模块和通信软件以加强 PLC 的联网能力。各 PLC 制造商之间也在协商指定通用的通信标准，以构成更大的网络系统。PLC 已成为集散控制系统（DCS）不可缺少的组成部分。

2. 向模块化、智能化发展

为满足工业自动化各种控制系统的需要，近年来，PLC 厂家先后开发了不少新器件和模块，如智能 I/O 模块、温度控制模块和专门用于检测 PLC 外部故障的专用智能模块等，这些模块的开发和应用不仅增强了功能，扩展了 PLC 的应用范围，还提高了系统的可靠性，S7-1200 CPU 模块和各扩展模块如图 1-22 所示。

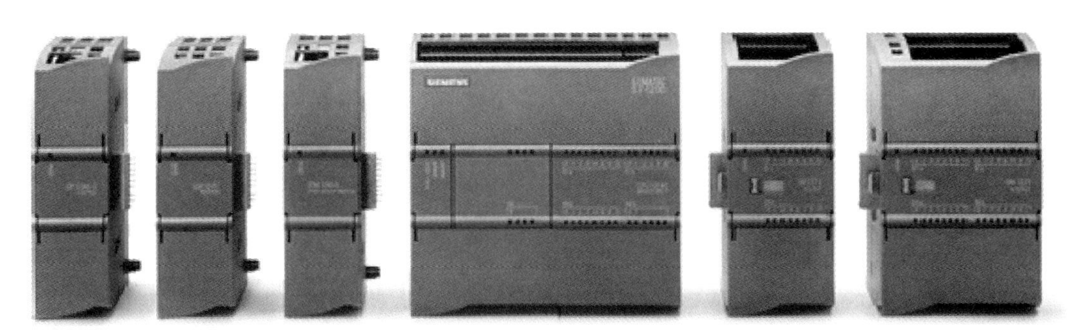

图 1-22　S7-1200 CPU 模块和各扩展模块

3. 编程语言和编程工具的多样化和标准化

多种编程语言的并存、互补与发展是 PLC 软件进步的一种趋势。PLC 厂家在使硬件及编程工具换代频繁、丰富多样、功能提高的同时，日益向 MAP（制造自动化协议）靠拢，使 PLC 的基本部件，包括输入输出模块、通信协议、编程语言和编程工具等方面的技术规范化和标准化。

第 2 章　程序编制及运行

2.1　STEP 7-MICRO/WIN SMART 软件的使用

2.1.1　软件概述

STEP 7-Micro/WIN SMART 是 S7-200 SMART 控制器的组态、编程和操作软件。STEP 7-Micro/WIN SMART 用户界面如图 2-1 所示。

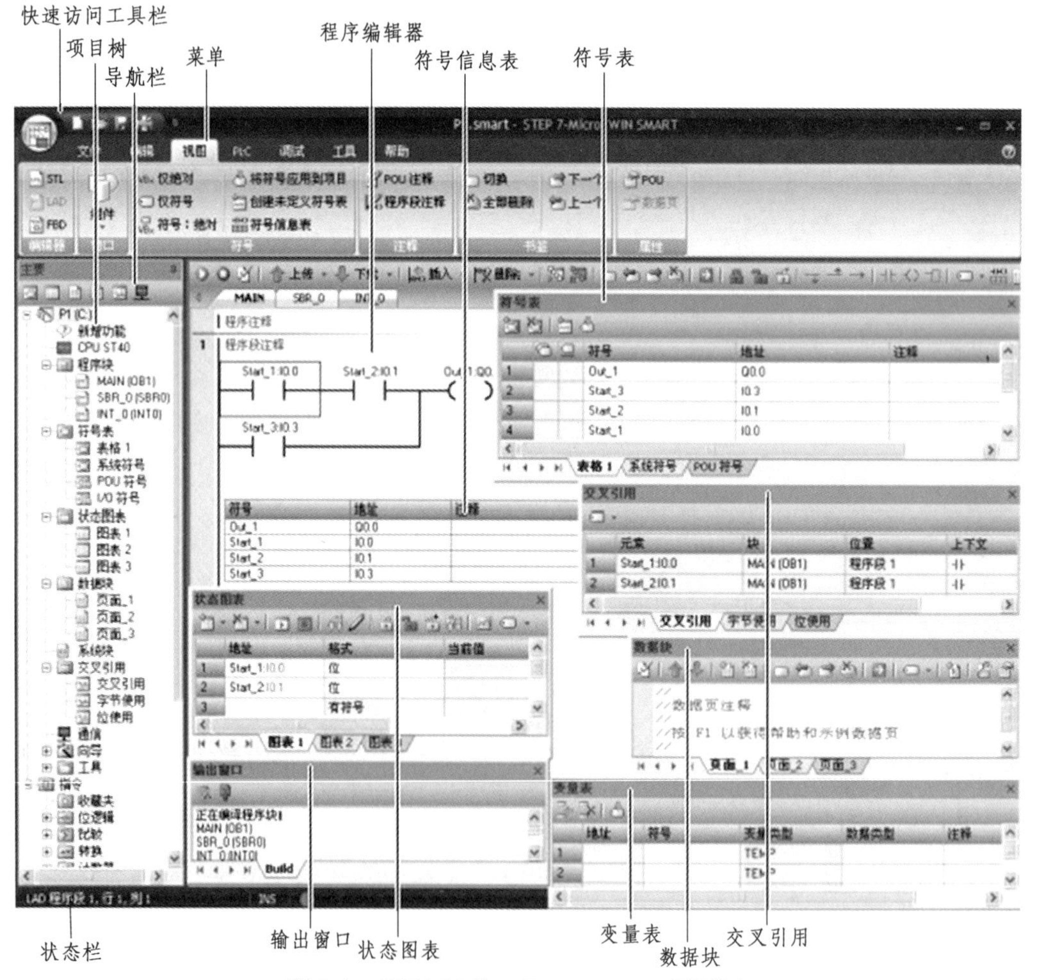

图 2-1　STEP 7-Micro/WIN SMART 界面图

2.1.2 软件使用

1. 常用快捷键

放置指令快捷键键位如表 2-1 所示。

表 2-1 快捷键

指令快捷键	含义
F4	包含所有触点助记符类型的列表框（仅限 LAD）
F4	放下一个 AND（与）框（仅限 FBD）
F6	包含所有线圈助记符类型的列表框（仅限 LAD）
F6	放下一个 OR（或）框（仅限 FBD）
F9	包含所有方框助记符类型的列表框

2. 建立 S7-200 SMART 的通信

S7-200 SMART 与 PC 之间通过以太网电缆进行连接。可以使用 PC 作为主站设备，通过以太网电缆或者以太网电缆和工业交换机与一台或多台 PLC 连接，实现主、从设备之间的通信。

1）建立通信步骤

首先，进行硬件连接，安装 CPU 到固定位置；其次，在 CPU 上端以太网接口插入以太网电缆；最后，将以太网电缆连接到编程设备的以太网口上，网口的位置如图 2-2 所示。

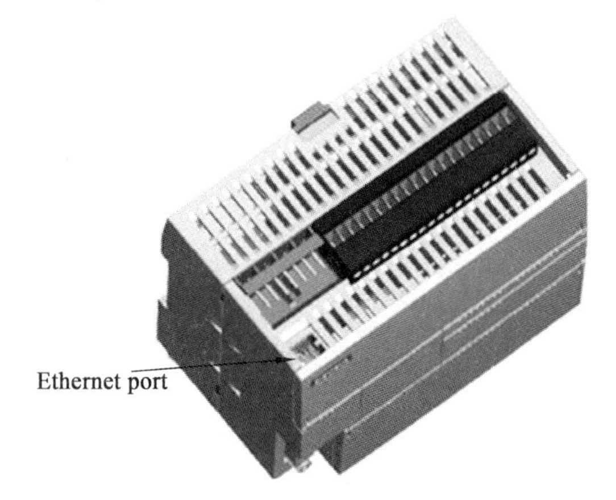

图 2-2 网口位置图

在项目树中，双击“通信”（Communications）节点，如图 2-3 所示。

选择网络接口卡，根据通信方式，我们选择以太网电缆进行连接，则选择电脑的有线网卡作为网络接口卡，如图 2-4 所示。

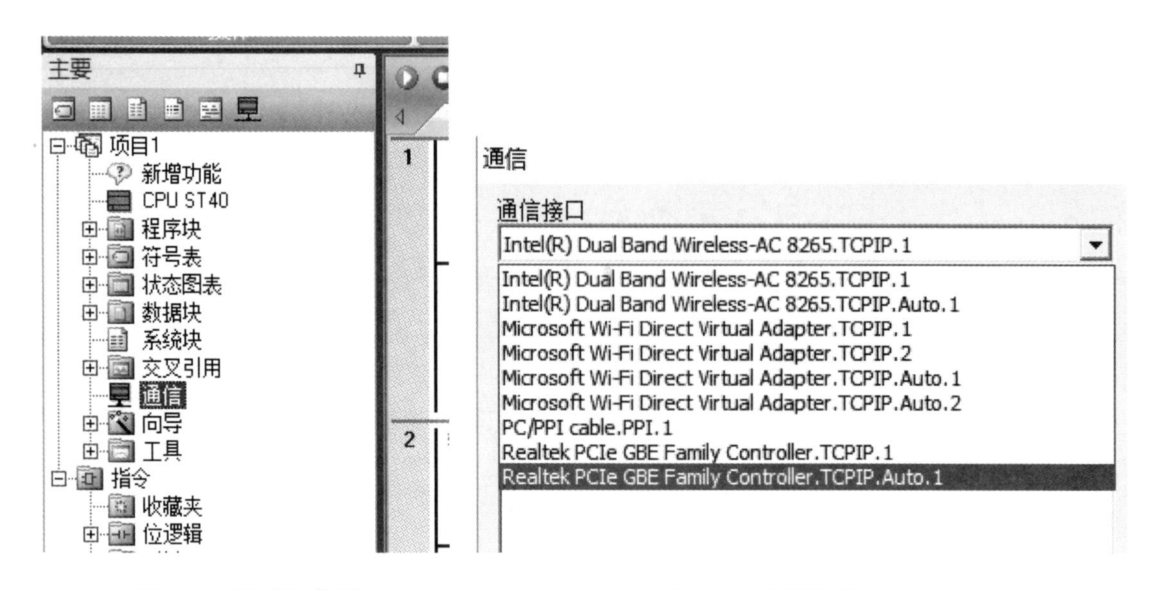

图 2-3　“通信”按键　　　　　　　　图 2-4　网络选择

单击“查找 CPU”（Find CPU）按钮以使 STEP 7-Micro/WIN SMART 在本地网络中搜索 CPU。在网络上找到的各个 CPU 的 IP 地址将在“找到 CPU”（Found CPU）下列出。注意：电脑 IP 地址需和 PLC 的 IP 地址为统一个网段。(例如：PLC IP 地址为：192.168.2.1，电脑 IP 地址则为：192.168.2.X），如图 2-5 所示。

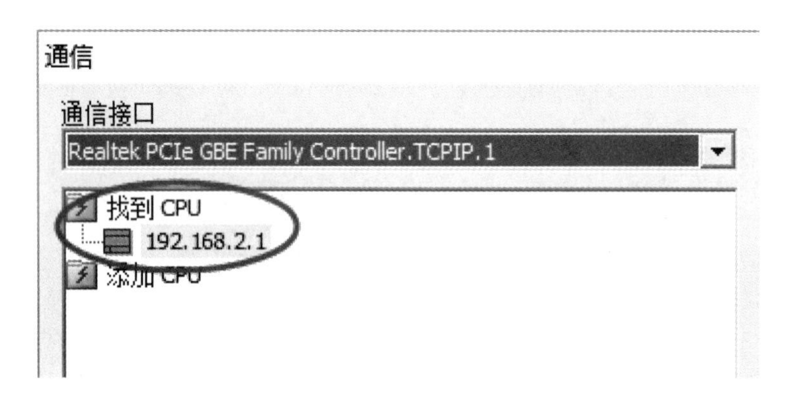

图 2-5　IP 选择

注意：如果网络中存在不只一台设备，用户可以在“通信”对话框中左侧的设备列表中选中某台设备然后点击“Flash Lights”按钮轮流点亮 CPU 本体上的 RUN、STOP 和 ERROR 灯来辨识该 CPU；也可以通过“MAC 地址”来确定网络中的 CPU，MAC 地址在 CPU 本体上“LINK”指示灯的上方。

3．创建新项目

创建新项目的方法有 3 种：

（1）单击“新建”快捷按钮，如图 2-6 所示。

（2）拉开文件菜单，单击新建按钮，建立一个新文件，如图 2-7 所示。

图 2-6 “新建”快捷按钮

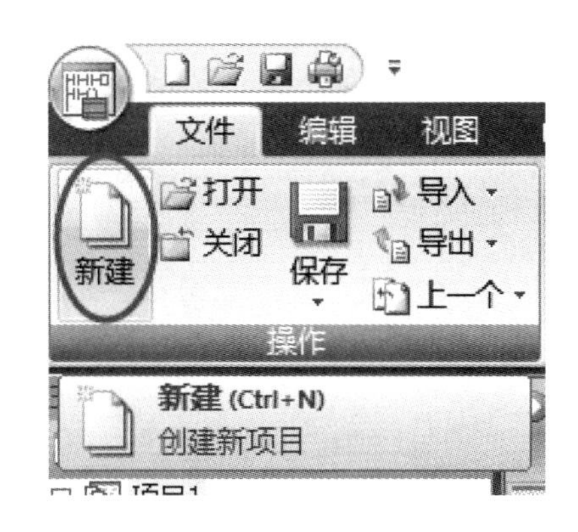

图 2-7 “新建”快捷键

（3）点击浏览条中程序块图标，新建一个 STEP 7-Micro/WIN SMART 项目，如图 2-8 所示。

图 2-8 “新建”快捷键

4. **硬件配置**

一旦打开一个项目，开始写程序之前可以选择 PLC 的类型及扩展模块类型。在项目树中点击 CPU，在弹出的对话框中左击类型（T）即弹出 PLC 类型对话框，选择所用 PLC 及扩展模块型号等，确认(注意输入输出起始地址)。本实训装置选择的 S7-200 SMART PLC CPU 为 SR40，扩展模块为 EMAM06，如图 2-9 和 2-10 所示。

图 2-9 PLC 型号

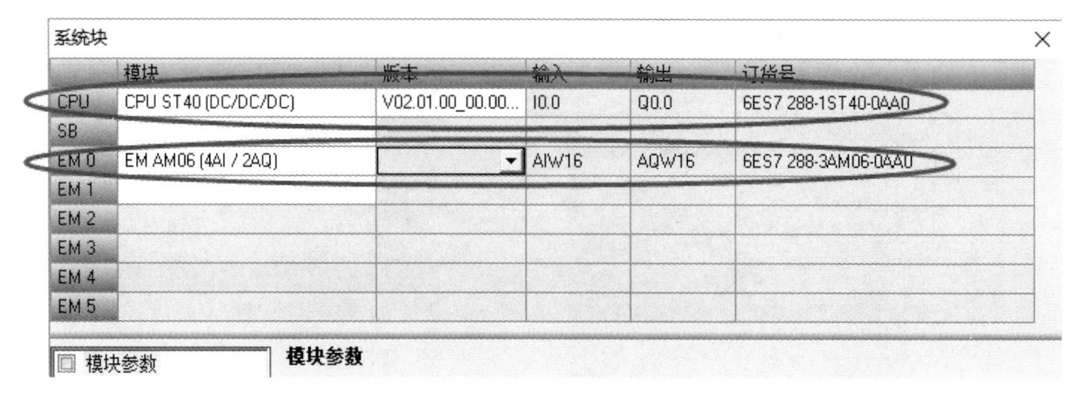

图 2-10　扩展模块型号

5. 下载程序

（1）用户可以点击工具条中的下载图标或者在命令菜单中选择“文件” > “下载”来下载程序，如图 2-11 所示。

图 2-11　“下载”按钮

（2）点击“下载”下载程序到 S7-200 SMART。如果用户的 S7-200 SMART 处于运行模式，将有一个对话提示用户 CPU 将进入停止模式，单击“确定”将 S7-200 SMART 调于 STOP 模式，如图 2-12 所示。

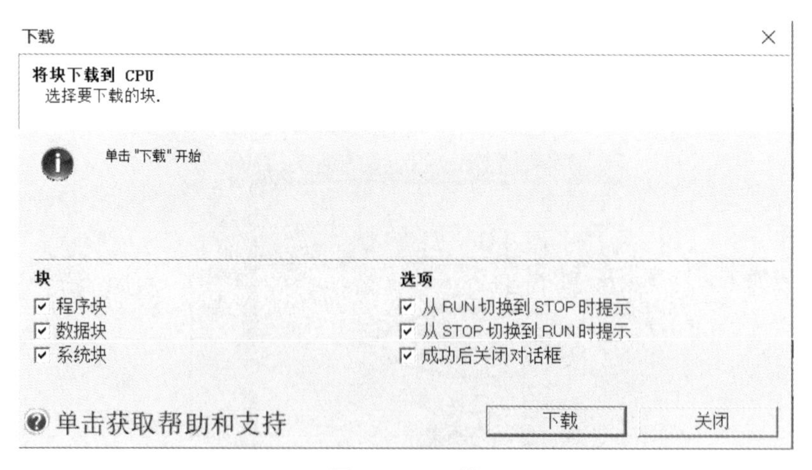

图 2-12　下载

CPU 的 IP 地址（可选）在 Micro/WIN SMART 中可以通过系统块修改 CPU 的 IP 地址，具体步骤如下：

① 在导航条中单击“系统块”按钮，或者在项目树中双击打开“系统块”对话框，如图2-13所示。

图 2-13 “系统块”按键

② 打开系统块对话框，如图2-14所示。

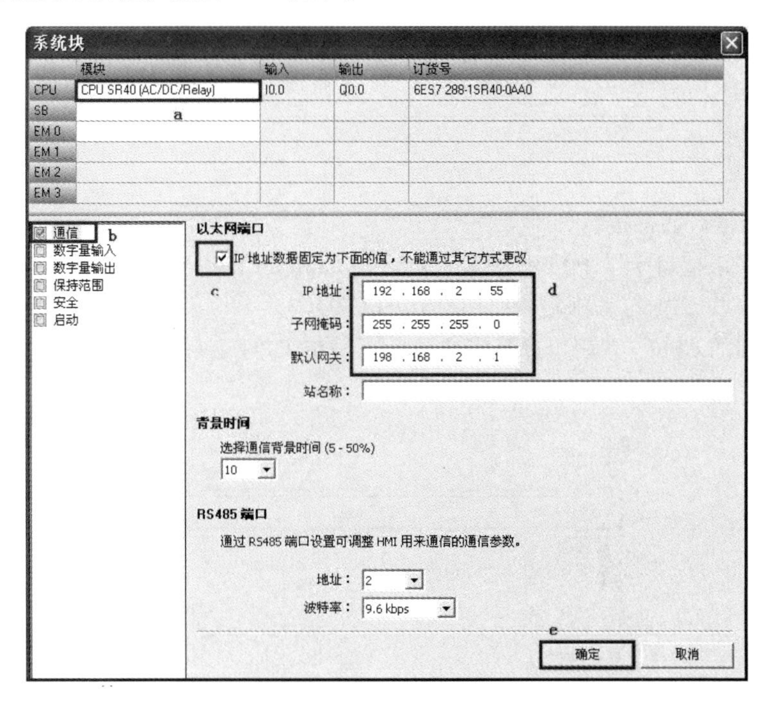

图 2-14 打开对话框

打开后进行如下操作：

a. 选择CPU类型（与需要下载的CPU类型一致）。

b. 选择“通信”选项。

c. 勾选“随项目存储IP信息”。

d. 设置IP地址，子网掩码和默认网关。

e. 单击“确定”按钮，完成设置。

注意：由于系统块是用户创建的项目的一部分，所以只有将系统块下载至CPU时，IP地址修改才能够生效。

（3）采用 485 接口进行程序下载。

首先，安装 CPU 到固定位置；其次，在 CPU 左下角 485 通信口插上编程电缆；最后，将编程电缆另一端连接到编程设备，并且给 CPU 上电。

（4）建立 Micro/WIN SMART 与 CPU 的连接。

首先，在 STEP 7-Micro/WIN SMART 中，点击“通信”按钮打开“通信对话框”，如图 2-15 所示。

图 2-15　通信对话框

然后，在通信对话框进行如下操作：

a. 单击“网络接口卡”下拉列表选择 PC/PPI cable.PPI.1。

b. 单击“查找 CPU”来刷新网络中存在的 CPU。

c. 在“找到的 CPU”列表里选择需要进行下载的 CPU 之后，单击“确定”按钮，建立连接，如图 2-16 所示。

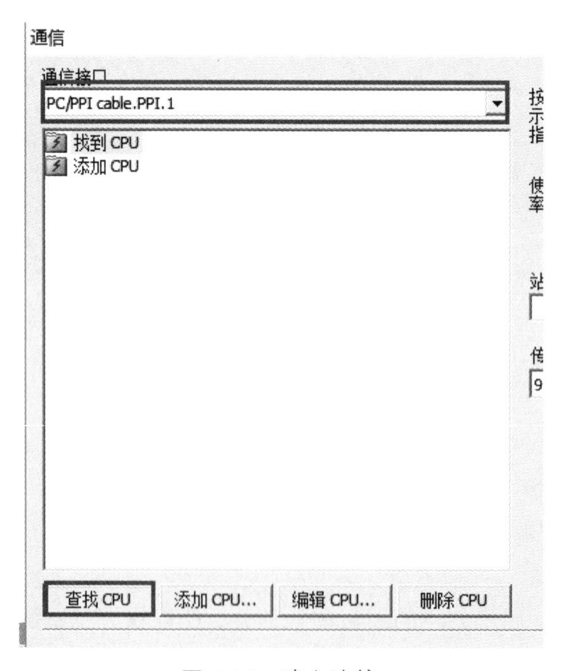

图 2-16　建立连接

注意：站地址和波特率不需要进行设置，编程电缆会搜索所有波特率，最终把实际的站地址和波特率显示出来。

2.2 程序编制及运行

2.2.1 梯形图编辑器

1. 梯形图元素的工作原理

触点代表电流可以通过的开关，线圈代表有电流充电的中继或输出；指令盒代表电流到达此框时执行指令盒的功能。例如，计数、定时或数学操作，工作原理如图 2-17 所示。

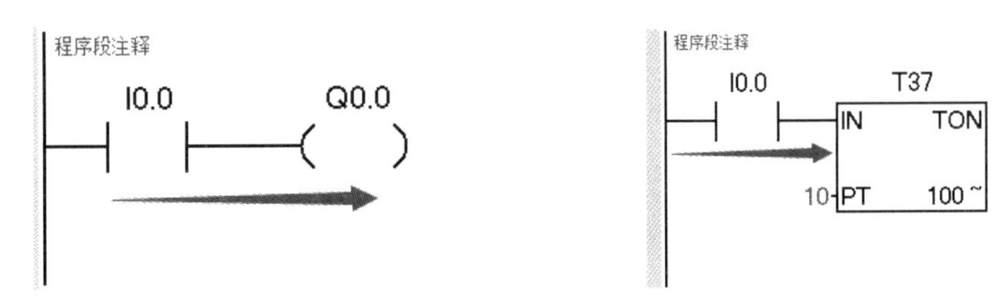

图 2-17　工作原理

2. 梯形图排布规则

网络必须从触点开始，以线圈或没有 ENO 端的指令盒结束。指令盒有 ENO 端时，电流扩展到指令盒以外，能在指令盒后放置指令，排布规则如图 2-18 所示。

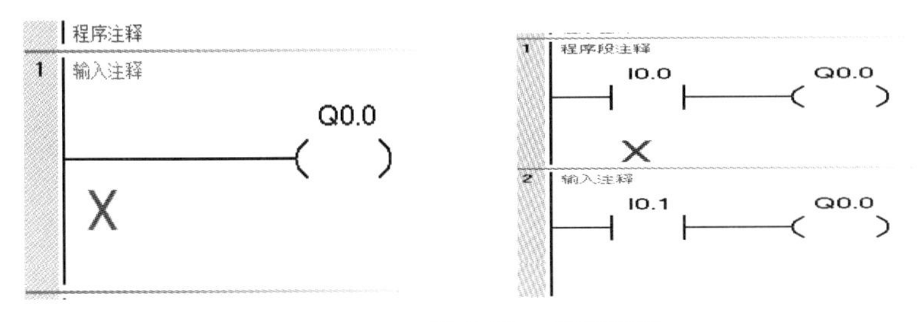

图 2-18　排布规则

注意：每个用户程序，一个线圈或指令盒只能使用一次，并且不允许多个线圈串联使用。

2.2.2 在梯形图中输入指令（编程元件）

1. 进入梯形图（LAD）编辑器

拉开视图菜单，单击阶梯（L）选项，可以进入梯形图编辑状态，程序编辑窗口显示梯形图编辑图标，如图 2-19 所示。

图 2-19　编辑器

2. 编程元件的输入方法

编程元件包括线圈、触点、指令盒及导线等。程序一般是顺序输入，即自上而下，自左而右地在光标所在处放置编程元件（输入指令），也可以移动光标在任意位置输入编程元件。每输入一个编程元件光标自动向前移到下一列。换行时点击下一行位置移动光标，如图 2-20 所示。

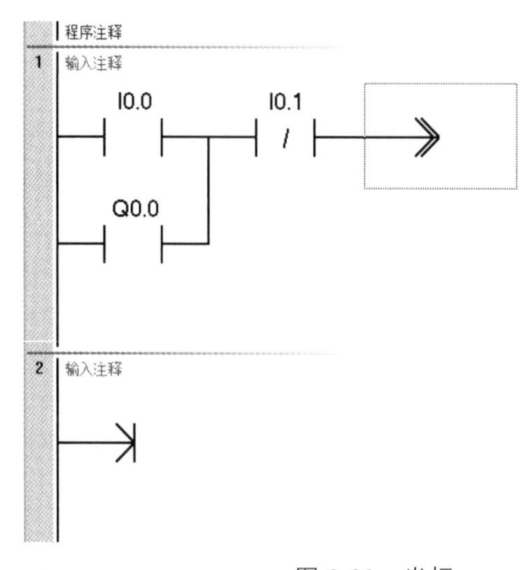

图 2-20　光标

编程元件的输入有指令树双击、拖放和单击工具条快捷键 F4（触点）、F6（线圈）编程元件的输入有指令树双击、拖放和单击工具条快捷键 F4（触点）编程元件的输入有指令树双击、拖放和单击工具条快捷键 F4（触点）、F6（线圈）、F9（指令盒）及指令树双击均可以选择输入编程软件，如图 2-21 所示。

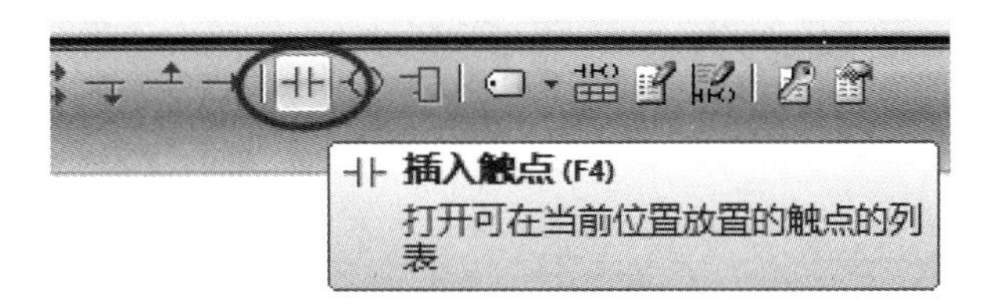

图 2-21　插入触点

工具条有 7 个编程按键，前 4 个为连接导线，后 3 个为触点、线圈、指令盒。编程元件的输入首先是在程序编辑窗口中将光标移到需要放置元件的位置，然后输入编程元件。编程元件的输入法有两种方法：① 用鼠标左键输入编程元件，例如输入触点元件，将光标移到编程区域，左键单击工具条的触点按钮，出现下拉菜单，用鼠标单击选中编程元件，按回车键，输入编程元件图形，再点击编程元件符号上方的“问号”,输入操作数，如图 2-22 所示。② 将光标移至编程区域，通过键盘上的快捷键和方向键调出元件图形，如 F4 插入触点，F6 插入线圈，F9 插入框等。

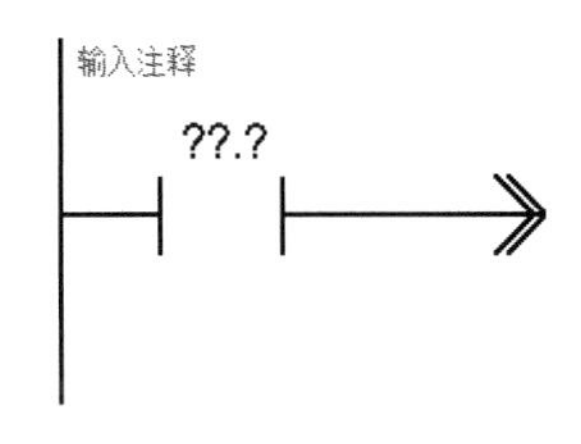

图 2-22　触点编辑

3. 梯形图功能指令的输入

采用指令树双击的方式可在光标处输入功能指令，如图 2-23 所示。

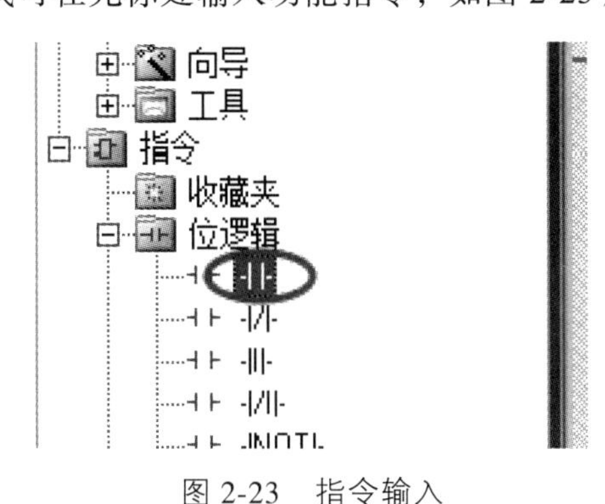

图 2-23　指令输入

4. 程序的编辑及参数设定

程序的编辑包括程序的剪切、拷贝、粘贴，插入和删除，字符串替换、查找等，如图 2-24 所示。

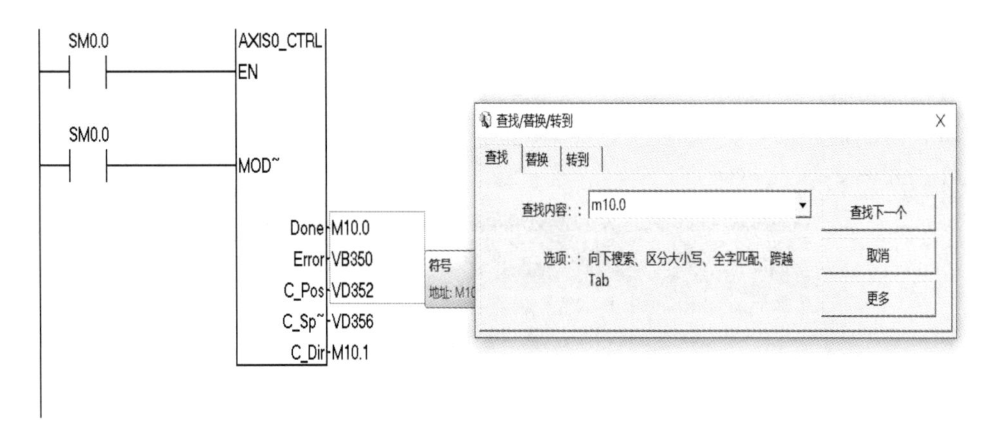

图 2-24　参数设定

5. 程序的编译及上、下载

1）编译

用户程序编辑完成后，用 CPU 的下拉菜单或工具条中编译快捷按钮对程序进行编译，经编译后在显示器下方的输出窗口显示编译结果，并能明确指出错误的网络段，可以根据错误提示对程序进行修改，然后再次编译，直至编译无误，如图 2-25 所示。

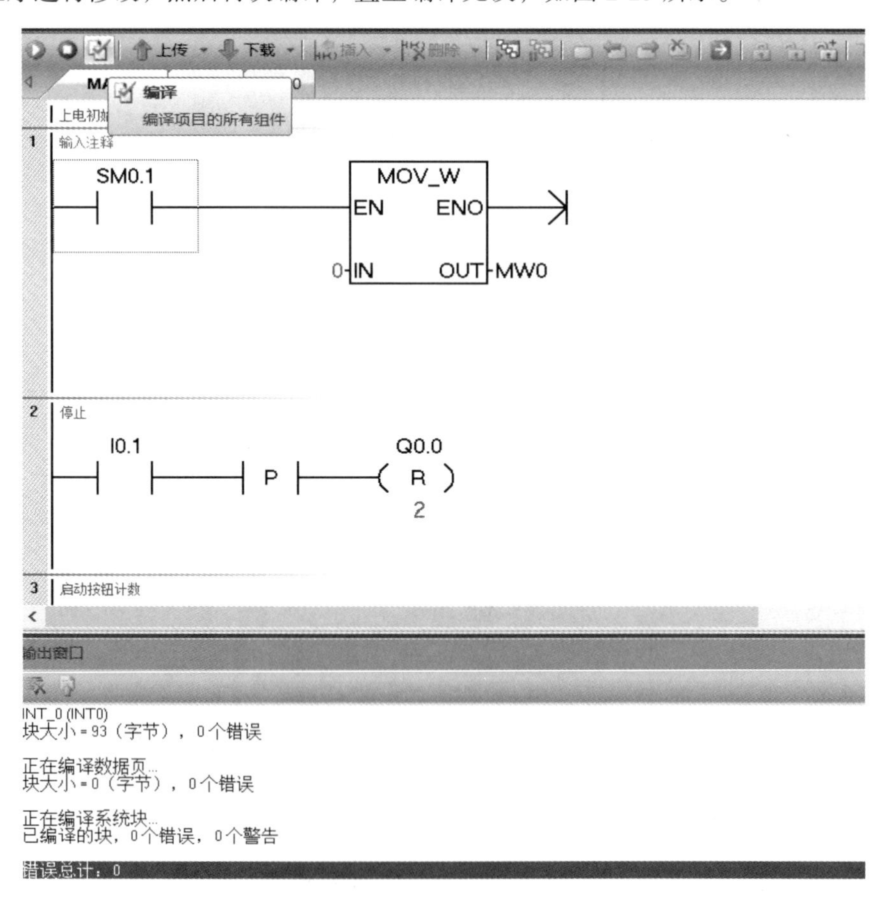

图 2-25　程序编译

2）下载

用户编译成功后，单击标准工具条中下载快捷按钮或拉开文件菜单，选择下载项，弹出下载对话框，经选定程序块、数据块、系统块等下载内容后，按确认按钮，将选中内容下载到 PLC 的存储器中，如图 2-26 所示。

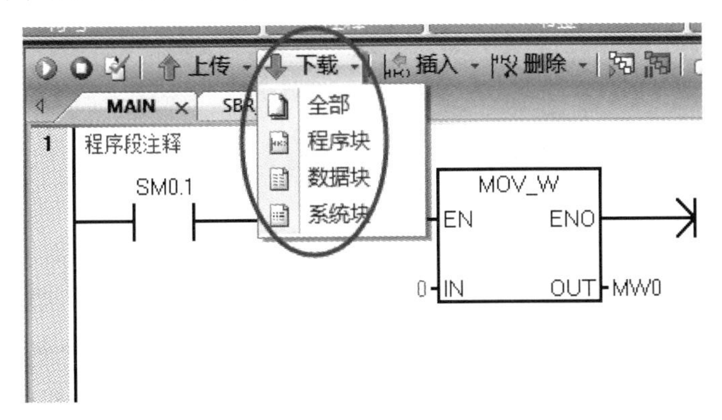

图 2-26　程序下载

3）载入（上载）

上载指令的功能是将 PLC 中未加密的程序或数据向上送入编辑器（PC）。上载方法是单击标准工具条中上载快捷键或拉开文件菜单选择上载项，弹出上载对话框，选择程序块、数据块、系统块等上载内容后，可在程序显示窗口上载 PLC 内部程序和数据，如图 2-27 所示。

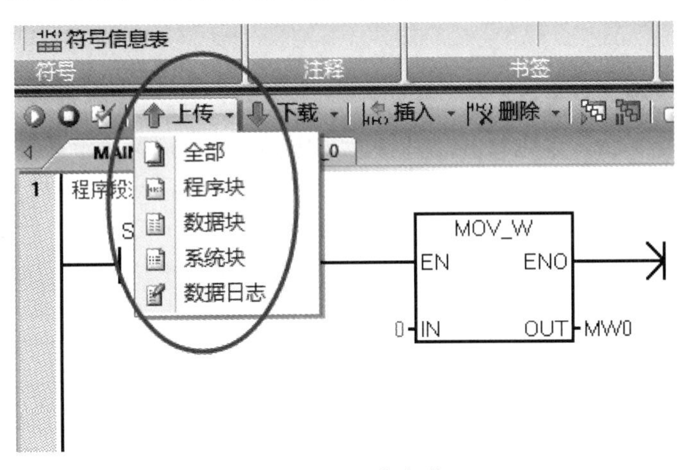

图 2-27　程序上载

6. 程序的监视、运行、调试

1）程序的运行

当 PLC 工作方式在 STOP 或 RUN 位置时，操作 STEP 7-Micro/WIN SMART 的菜单命令或快捷按钮都可以对 CPU 工作方式进行软件设置，如图 2-28 所示。

2）程序监视

程序编辑器都可以在 PLC 运行时监视程序执行的过程和各元件的状态及数据。

梯形图监视功能：拉开调试菜单，选中程序状态，这时闭合触点和通电线圈内部颜色变蓝（呈阴影状态在 PLC 的运行（RUN）工作状态，随输入条件的改变、定时及计数过程的运行，每个扫描周期的输出处理阶段将各个器件的状态刷新，可以动态显示各个定时、计数器的当前值，并用阴影表示触点和线圈通电状态，以便在线动态观察程序的运行，如图 2-29 所示。

图 2-28　程序运行

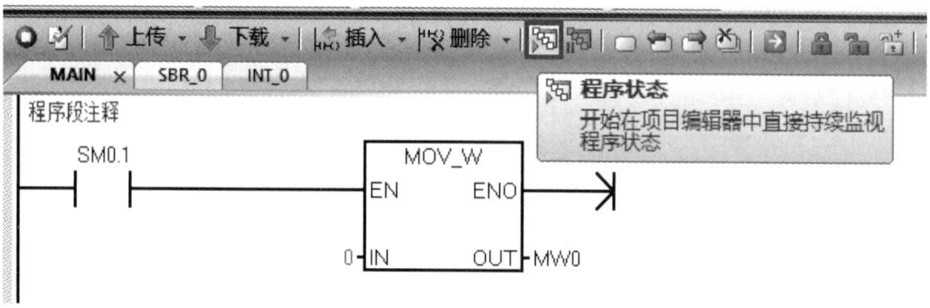

图 2-29　程序监视

3）动态调试

结合程序监视运行的动态显示，分析程序运行的结果，以及影响程序运行的因素，然后，退出程序运行和监视状态，在 STOP 状态下对程序进行修改编辑，重新编译、下载、监视运行，如此反复修改调试，直至得出正确运行结果。

2.2.3　用编程软件监控与调试程序

2.2.3.1　用编程软件监控与调试程序

在运行 STEP 7-Micro/WIN SMART 的计算机与 PLC 之间成功地建立起通信连接，并将程序下载到 PLC 后，便可以使用 STEP 7-Micro/WIN SMART 的监视和调试功能。

可以用程序编辑器的程序状态、状态图表中的表格和状态图表的趋势视图中的曲线，读取和显示 PLC 中数据的当前值，将数据值写入或强制到 PLC 的变量中去。

可通过单击工具栏上的按钮或单击“调试”菜单功能区（图 2-30）的按钮来选择调试工具。

图 2-30　“调试”菜单功能区

1. 梯形图的程序状态监控

在程序编辑器中打开要监控的 POU，单击工具栏上的“程序状态”按钮，开始启用程序状态监控。

CPU 中的程序和打开的项目的程序可能不同，或者在切换使用的编程语言后启用监控功能，可能会出现“时间戳不匹配”对话框（图 2-31）。单击“比较”按钮，如果经检查确认 PLC 中的程序和打开的项目中的程序相同，对话框中将显示“已通过”。单击“继续”按钮，开始监控。如果 CPU 处于 STOP 模式，将出现对话框询问是否切换到 RUN 模式。如果检查出问题，应重新下载程序。

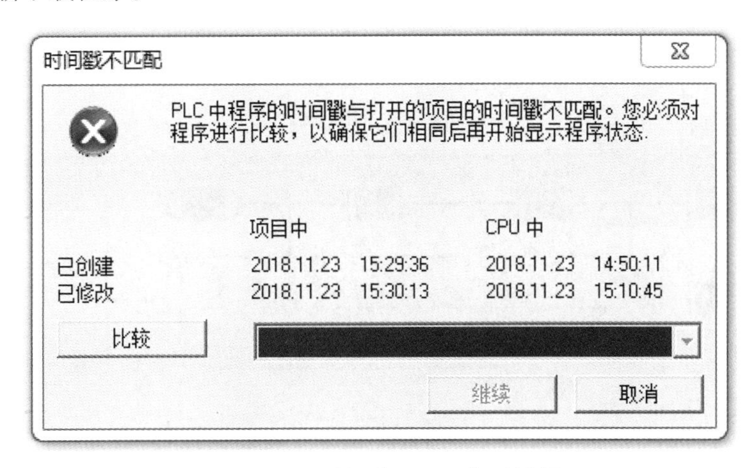

图 2-31 “时间戳不匹配”对话框

PLC 必须处于 RUN 模式才能查看连续的状态更新。不能显示未执行的程序区（例如未调用的子程序、中断程序或被 MP 指令跳过的区域）的程序状态。

在 RUN 模式启动程序状态功能后，将用颜色显示出梯形图中各元件的状态（图 2-32），左边的垂直“电源线”和与它相连的水平“导线”变为深蓝色。如果触点和线圈处于接通状态，它们中间出现深蓝色的方块，有“能流”流过的“导线”也变为深蓝色。如果有能流流入方框指令的 EN（使能）输入端，且该指令被成功执行时，方框指令的方框变为深蓝色。定时器和计数器的方框为绿色时表示它们包含有效数据。红色方框表示执行指令时出现了错误。灰色表示无能流、指令被跳过、未调用或 PLC 处于 STOP 模式。

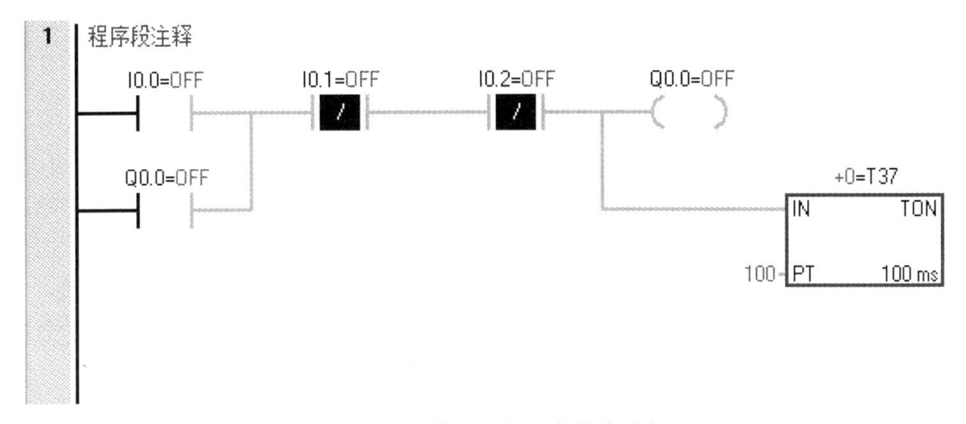

图 2-32 梯形图的程序状态监控

在 RUN 模式启用程序状态监控，将以连续方式采集状态值。“连续”并非意味着实时，而是指编程设备不断地从 PLC 轮询状态信息，并在屏幕上显示，按照通信允许的最快速度更新显示，但也可能捕获不到某些快速变化的值（例如流过边沿检测触点的能流），无法在屏幕中显示，或者因为这些值变化太快，无法读取。

开始监控图 2-32 中的梯形图时，各输入点均为 OFF，梯形图中 I0.0 的常开触点断开，I0.1 和 I0.2 的常闭触点接通。用接在端子 I0.0 上的小开关来模拟启动按钮信号，将开关接通后马上断开，梯形图中 Q0.0 的线圈“通电”，T37 开始定时（图 2-33），方框上面 T37 的当前值不断增大。当前值大于等于预设值 100（10 s）时，梯形图中 T37 的常开触点接通，Q0.1 的线圈“通电”。启用程序状态监控，可以形象直观地看到触点、线圈的状态和定时器当前值的变化情况。

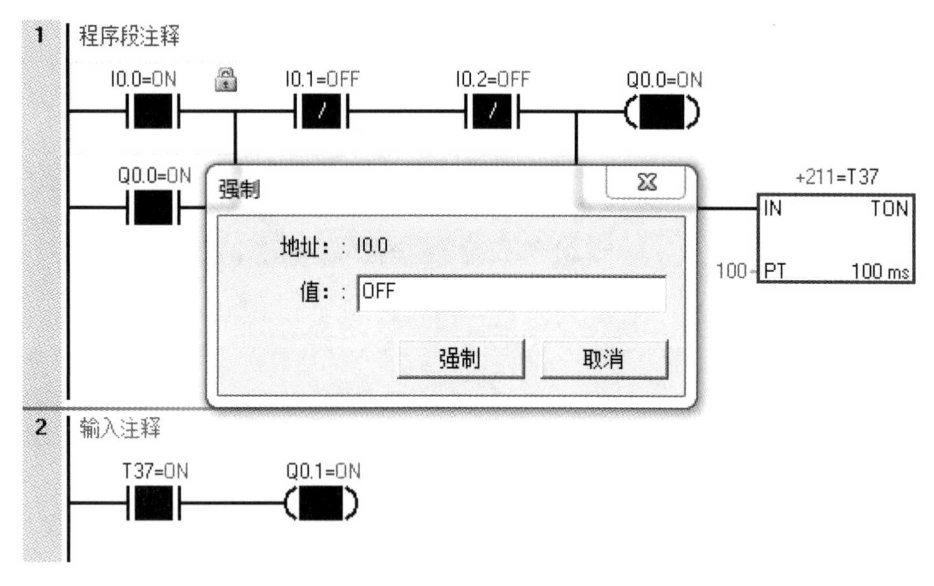

图 2-33　梯形图的程序状态监控

用接在端子 I0.1 上的小开关来模拟停止按钮信号，梯形图中 I0.1 的常闭触点断开后马上接通。Q0.0 和 Q0.1 的线圈断电，T37 被复位。

用鼠标右键单击程序状态中的 I0.0，执行出现的快捷菜单中的“强制”“写入”等命令，可以用出现的对话框完成相应的操作。图 2-33 中的 I0.0 已被强制为 ON，在 I0.0 旁边的 🔒 图标表示它被强制。图中出现的对话框要将它强制为 OFF。

图 2-34 中用定时器 T38 的常闭触点控制它自己的 N 输入端。进入 RUN 模式时 T38 的常闭触点接通，它开始定时。2 s 后定时时间到，T38 的常开触点闭合，使 MB10 加 1；常闭触点断开，使它自己复位，复位后 T38 的当前值变为 0。下一扫描周期因为它的常闭触点接通，使它自己的 IN 输入端重新“得电”又开始定时。T38 将这样周而复始地工作。从上面的分析可知，图 2-34 最上面一行电路是一个脉冲信号发生器，脉冲周期等于 T38 的预设值（2 s）。

单击工具栏上的“暂停状态开/关”按钮，暂停程序状态的采集，T38 的当前值停止变化。再次单击该按钮，T38 的当前值重新开始变化。

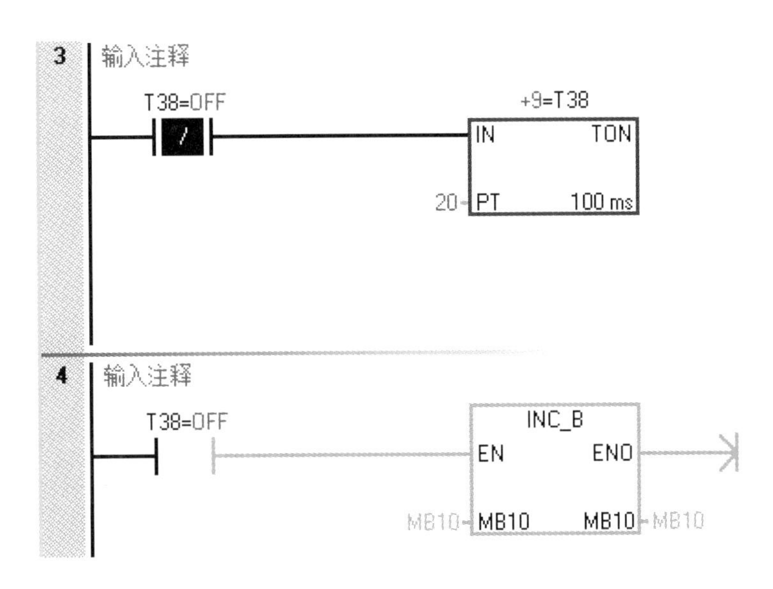

图 2-34 梯形图的程序状态监控

2. 语句表程序状态监控

单击程序编辑器工具栏上的“程序状态”按钮，关闭程序状态监控。单击“视图”菜单功能区的“编辑器”区域的“STL”按钮，切换到语句表编辑器。单击“程序状态”按钮，启动语句表的程序状态监控功能，出现“时间戳不匹配”对话框。图 2-35 是图 2-33 中程序段 1 对应的语句表的程序状态。程序编辑器窗口分为左边的代码区和用蓝色字符显示数据的状态区。图 2-35 中操作数 3 的右边是逻辑堆栈中的值。最右边的列是方框指令的使能输出位（ENO）的状态。用接在端子 I0.0 和 I0.1 上的小开关来模拟按钮信号，可以看到指令中的位地址的 ON/OFF 状态的变化和 T38 的当前值不断变化的情况。

		操作数 1	操作数 2	操作数 3	0123
LD	启动按钮	OFF			0000
O	电源	ON			1000
AN	停止按钮	OFF			1000
AN	过载	OFF			1000
=	电源	ON			1000
TON	启动延时，100	+33	100		1000

图 2-35 语句表的程序状态监控

状态信息从位于编辑窗口顶端的第一条 STL 语句开始显示。向下滚动编辑器窗口时，将从 CPU 获取新的信息。

单击“工具”菜单功能区的“选项”按钮，打开“Option”（选项）对话框。选中左边窗口“STL”下面的“状态”（图 2-36），可以设置语句表程序状态监控的内容，每条指令最多可以监控 17 个操作数、逻辑堆栈中 4 个当前值和 11 个指令状态位。

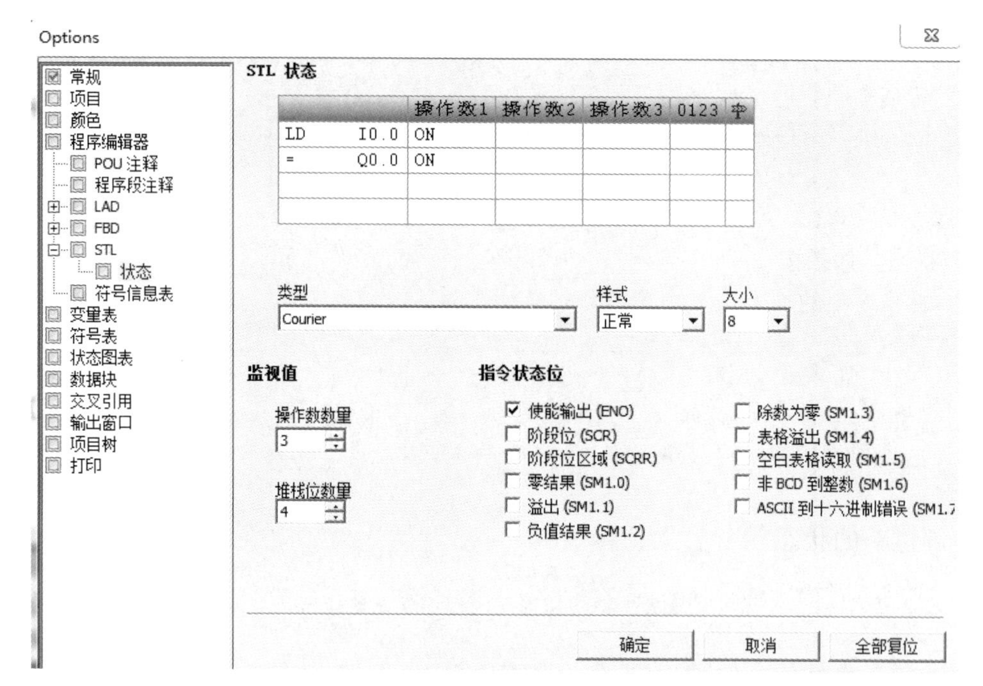

图 2-36　语句表程序状态监控的设置

2.2.3.2　用状态图表监控与调试程序

如果需要同时监控的变量不能在程序编辑器中同时显示，可以使用状态图表监控功能。

1. 打开和编辑状态图表

在程序运行时，可以用状态图表来读、写、强制和监控 PLC 中的变量。用鼠标双击项目树的“状态图表”文件夹中的“图表 1”图标，或者单击导航栏上的“状态图表”按钮，均可以打开状态图表（图 2-37），并对它进行编辑，如果项目中有多个状态图表，可以用状态图表编辑器底部的标签切换它们。

注意：如果需重新下载程序，需要取消状态图标的监控。

状态图表

	地址	格式	当前值	新值
1	I0.0	位	2#0	
2	I0.1	位	2#0	
3	Q0.0	位	2#1	
4	Q0.1	位	2#1	
5	T37	位	2#1	
6	T37	有符号	+347	
7	IW0	二进制	2#0000_0000_0000_0...	

图表 1

图 2-37　状态图

2. 生成要监控的地址

未启动状态图表的监控功能时，在状态图表的“地址”列键入要监控的变量的绝对地址或符号地址，可以采用默认的显示格式，或用“格式”列隐藏的下拉式列表来改变显示格式。工具栏上的按钮用来切换地址的显示方式。

定时器和计数器可以分别按位或按字监控。如果按位监控，显示的是它们的输出位的ON/OFF 状态。如果按字监控，显示的是它们的当前值。

选中符号表中的符号单元或地址单元，并将其复制到状态图表的“地址”列，可以快速创建要监控的变量。单击状态图表某个“地址”列的单元格（例如 VW20）后按（ENTER）键，可以在下一行插入或添加一个具有顺序地址（例如 VW22）和相同显示格式的新的行。

按住（Ctrl）键，将选中的操作数从程序编辑器拖放到状态图表，可以向状态图表添加条目。此外，还可以从 Excel 电子表格复制和粘贴数据到状态图表。

3. 创建新的状态图表

可以根据不同的监控任务，创建几个状态图表。用鼠标右键单击项目树中的“状态图表”，执行弹出的菜单中的“插入”→“图表”命令，或单击状态图表工具栏上的“插入图表”按钮，可以创建新的状态图表。

4. 启动和关闭状态图表的监控功能

与 PLC 的通信连接成功后，打开状态图表，单击工具栏上的“图表状态”按钮，该按钮被“按下”（按钮背景变为黄色），启动了状态图表的监控功能。编程软件从 PLC 收集状态信息，在状态图表的“当前值”列将会出现从 PLC 中读取的连续更新的动态数据。

启动监控后用接在输入端子上的小开关来模拟启动按钮和停止按钮信号，可以看到各个位地址的 ON/OFF 状态和定时器当前值变化的情况。

单击状态图表工具栏上的“图表状态”按钮，该按钮“弹起”（按钮背景变为灰色）监视功能被关闭，当前值列显示的数据消失。

用二进制格式监控字节、字或双字，可以在一行中同时监控 8 点、16 点或 32 点位变量（见图 2-37 中对 IW0 的监控）。

5. 单次读取状态信息

状态图表的监控功能被关闭时，或 PLC 切换到 STOP 模式，单击状态图表工具栏上的“读取”按钮，可以获得打开的图表中数值的单次“快照”（更新一次状态图表中所有的值），并在状态图表的“当前值”列显示出来。

6. RUN 模式与 STOP 模式监控的区别

RUN 模式可以使用状态图表和程序状态功能，连续采集变化的 PLC 数据值。在 STOP 模式不能执行上述操作。

只有在 RUN 模式时，程序编辑器才会用彩色显示状态值和元素，在 STOP 模式则用灰色显示。只有在 RUN 模式并且已启动程序状态时，程序编辑器才显示强制值锁定符号，才能使用写入、强制和取消强制功能。在 RUN 模式暂停程序状态后，也可以启用写入、强制和取消强制功能。

7. 趋势视图

趋势视图（图 2-38）用随时间变化的曲线跟踪 PLC 的状态数据。单击状态图表工具栏上的趋势视图按钮，可以在表格视图与趋势视图之间切换。用鼠标右键单击状态图表内部，然后执行弹出的菜单中的命令“趋势形式的视图”，也可以完成同样的操作。

用 100 ms 定时器 T38 的常开触点控制它的 IN 输入端（图 2-34），T38 的常开触点每 2 s 产生一个脉冲，将字节 MB10 的值加 1。MB10 的最低位 M10.0 的 ON/OFF 状态以 4 s 的周期变化。

图 2-38 是监控趋势视图，趋势行号与状态图表的行号对应。

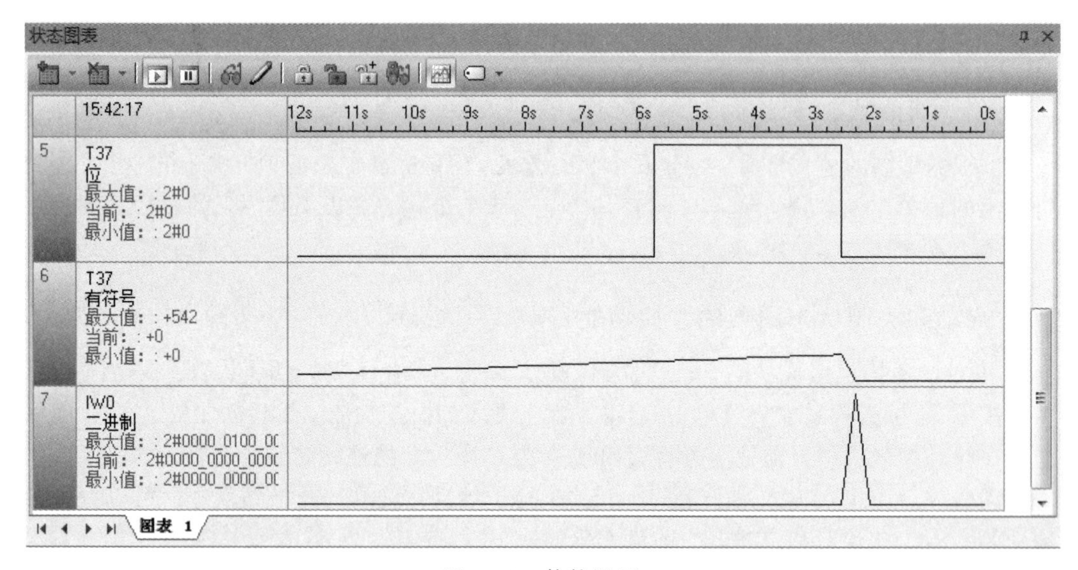

图 2-38　趋势视图

用鼠标右键单击趋势视图，执行弹出的菜单中的命令，可以在趋势视图运行时删除被单击的变量行、插入新的行和修改趋势视图的时间基准（即时间轴的刻度）。如果更改了时间基准（0.25 s ~ 5 min），整个图的数据都会被清除，并用新的时间基准重新显示。执行弹出的菜单中的“属性”命令，在弹出的对话框中，可以修改被单击的行变量的地址和显示格式，以及显示的上限和下限。

启动趋势视图后单击工具栏上的“暂停图表”按钮，可以“冻结”趋势视图。再次单击该按钮将结束暂停。

实时趋势功能不支持历史趋势，即不会保留超出趋势视图窗口的时间范围的趋势数据。

2.2.3.3　写入与强制数值

本节介绍用程序编辑器和状态图表将新的值写入或强制给操作数的方法

1. 写入数据

“写入”功能用于将数值写入 PLC 的变量。将变量新的值键入状态图表的“新值”列后（图

2-39），单击状态图表工具栏上的“写入”按钮，将“新值”列所有的值传送到 PLC。在 RUN 模式时因为用户程序的执行，修改能用写入功能改写物理输入点（I 或 AI 地址）的状态。

在程序状态监控时，用鼠标右键单击梯形图中的某个地址或语句表中的某个操作数的值，可以用快捷菜单中的“写入”命令和出现的“写入”对话框来完成写入操作。

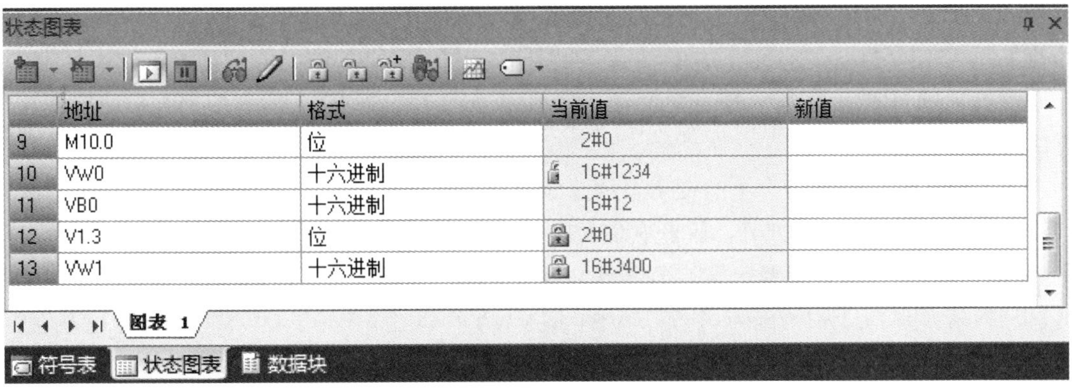

状态图表

	地址	格式	当前值	新值
9	M10.0	位	2#0	
10	VW0	十六进制	16#1234	
11	VB0	十六进制	16#12	
12	V1.3	位	2#0	
13	VW1	十六进制	16#3400	

图表 1

符号表 状态图表 数据块

图 2-39 用状态图表强制变量

2. 强制的基本概念

强制（Force）功能通过强制 V 和 M 来模拟逻辑条件制 I/O 点来模拟物理条件。例如可以通过对输入点的强制代替输入端外接的小开关，来调试程序。

可以强制所有的 I/O 点，此外还可以同时强制最多 16 个 V、M、A 或 AQ 地址。强制功能可以用于 I、Q、V、M 的字节、字和双字，只能从偶数字节开始以字为单位强制 AI 和 AQ。不能强制 I 和 Q 之外的位地址。强制的数据用 CPU 的 E^2PROM 永久性地存储。

在读取输入阶段，强制值被当作输入读入：在程序执行阶段，强制数据用于立即读和立即写指令指定的 I/O 点。在通信处理阶段，强制值用于通信的读/写请求；在修改输出阶段强制数据被当作输出写到输出电路。进入 STOP 模式时，输出将变为强制值，而不是系统块中设置的值。虽然在一次扫描过程中，程序可以修改被强制的数据，但是新扫描开始时，会重新应用强制值。

在写入或强制输出时，如果 S7-200 SMART 与其他设备相连，可能导致系统出现无法预料的情况，引起人员伤亡或设备损坏，只有合格的人员才能进行强制操作。强制程序值后务必通知所有有权维修或调试过程的人员。

3. 强制的操作方法

可以用“调试”菜单功能区的“强制”区域中的按钮（见图 2-30），或状态图表工具栏上的按钮（见图 2-39）执行下列操作：强制、取消强制、全部取消强制、读取所有强制。用鼠标右键单击状态图表中的某一行，可以用弹出的菜单中的命令完成上述的强制操作。

1）强制

启动了状态图表监控功能后，用鼠标右键单击 I0.0，执行快捷菜单中的“强制”命令将它强制为 ON。强制后不能用外接的小开关改变 I0.0 的强制值。

将要强制的新的值 16#1234 键入状态图表中 VW0 的“新值”列（图 2-39），单击状态图表工具栏上的“强制”按钮，VW0 被强制为新的值。在当前值的左边出现强制图标。

要强制程序状态或状态图表中的某个地址，可以用鼠标右键单击它，执行快捷菜单中的“强制”命令，然后用出现的“强制”对话框进行强制操作（图 2-33）。

一旦使用了强制功能，每次扫描都会将强制的数值用于该操作数，直到取消对它的强制，即使关闭 STEP7 Micro/WIN SMART，或者断开 S7-200 SMART 的电源，都不能取消强制。

黄色的强制图标（一把合上的锁）表示该地址被显式强制，对它取消强制之前用其他方法不能改变此地址的值。

灰色的强制图标（合上的锁）表示该地址被隐式强制。图 2-39 中的 VW0 被显示强制，VB0 和Ⅵ.3 是 VW0 的一部分，因此它们被隐式强制。

灰色的部分隐式强制图标（半块锁）表示该地址被部分隐式强制。图 2-39 中的 VW0 被显示强制，因为 VW1 的第一个字节 VB1 是 VW0 的第二个字节，VW1 的一部分也被强制。因此 VW1 被部分隐式强制。

不能直接取消对 VB0、V1.3 的隐式强制和对 VW1 的部分隐式强制，必须取消对 VW0 的显式强制，才能同时取消上述的隐式强制和部分隐式强制。

2）取消对单个操作数的强制

选择一个被显式强制的操作数，然后单击状态图表工具栏上的“取消强制”按钮，被选择的地址的强制图标将会消失；也可以用鼠标右键单击程序状态或状态图表中被强制的地址，用快捷菜单中的命令取消对它的强制。

3）取消全部强制（仅限状态图表）

单击状态图表工具栏上的“全部取消强制”按钮，可以取消对被强制的全部地址的强制，使用该功能之前不必选中某个地址。

4）读取全部强制

关闭状态图表监控，单击状态图表工具栏上的“读取所有强制”按钮，状态图表中的当前值列将会显示出已被显式强制、隐式强制和部分隐式强制的所有地址相应的强制图标。

4. STOP 模式下强制

在 STOP 模式时，可以用状态图表查看操作数的当前值、写入值、强制值或解除强制。

如果在写入或强制输出点 Q 时 S7-200 SMART PLC 已连接到设备，这些更改将会传到该设备。这可能导致设备出现异常，从而造成人员伤亡设备损坏。作为一项安全防范措，必须首先启用“STOP 模式下强制”功能。

单击“调试”菜单功能区的“设置”区域中的“STOP 下强制”按钮（图 2-40），再单击出现的对话框中的“是”按钮确认（图 2-41），才能在 STOP 模式下启用强制功能。

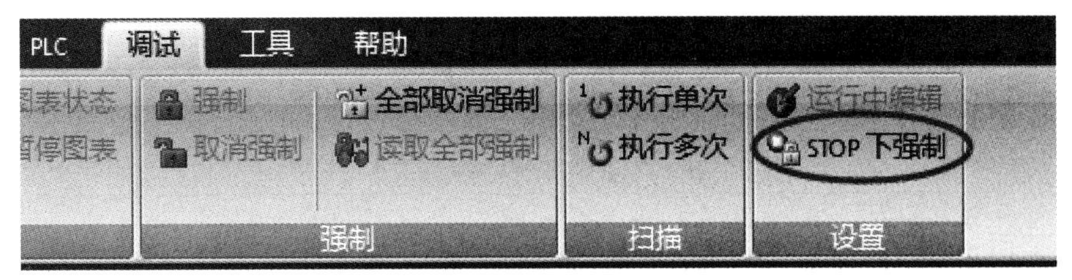

图 2-40　“STOP 下强制”按钮

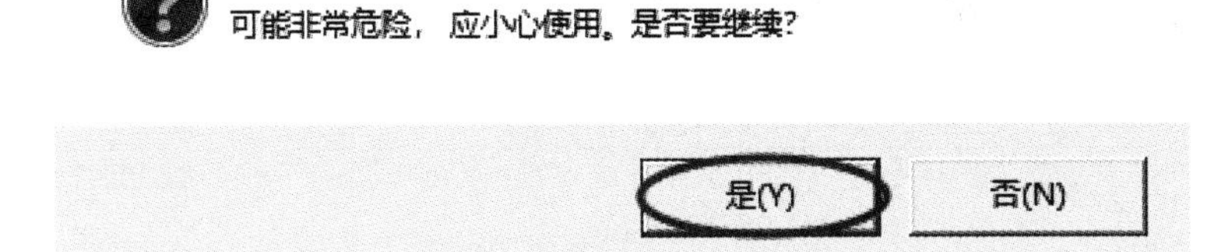

图 2-41　确认按钮

2.3　接线原理

1. 数字量输入电路

图 2-42 是 S7-200 SMART 的直流输入点的内部电路和外部接线图，图中只画出了一路输入电路，1M 是输入点各内部输入电路的公共点。S7-200 SMART 可以用 CPU 模块提供的 DC 24 V 电源作输入回路的电源。

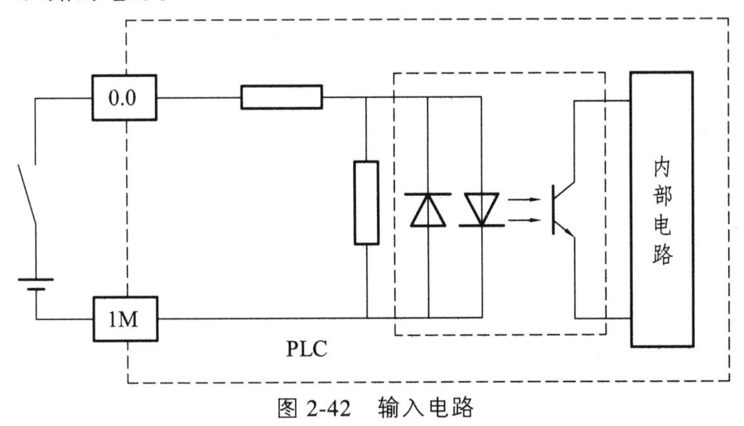

图 2-42　输入电路

当图 2-42 中的外接触点接通时，光耦合器中两个反并联的发光二极管中的一个亮，光敏晶体管饱和导通；外接触点断开时，光耦合器中的发光二极管熄灭，光敏晶体管截止，信号经内部电路传送给 CPU 模块。

图 2-42 中电流从输入端流入，称为漏型输入。将图中的电源反接，电流从输入端流出，称为源型输入。CPU 模块的数字量输入和数字量输出的技术指标见表 2-3 和表 2-4。

表 2-3 CPU 数字量输入技术指标

项目	技术指标
输入类型	漏型/源型 IC 类型 1（CPU ST20/ST30/ST40/ST60 的 10.0～10.3 除外）
输入电压电流额定值	DC 24 V，4 mA，允许最大 DC 30 V 的连续电压
输入电压浪涌值	35 V，持续 0.5 s
逻辑 1 信号（最小）	仅 CPU ST20/ST30/ST40/ST60 的 10.0～103、0.6 和 10.7 为 DC 4 V，8 mA；其余的为 DC 15 V，2.5 mA
逻辑 0 信号（最大）	仅 CPU ST20/ST30/T40/ST60 的 10.0～10.3、10.6 和 10.7 为 DC 1 V，1 mA，其余的为 DC 5 V，1 mA
输入滤波时间	0.2 ms～12.8 ms，0.2～12.8 ms，仅 CPU 开始的 14 点输入各点可单独组态
光电隔离	AC 500 V，1 min
电缆长度	非屏蔽电缆 300 m，屏蔽电缆 50 m，CPU ST20/ST30/ST40/ST60 的 00～10.3 用于高速计数为 50 m

表 2-4 CPU 数字量输出技术指标

技术数据	DC 24 V 输出	继电器输出
类型	MOSFET 场效应晶体管源型	继电器触点
输出电压额定值	DC 24 V	DC 24 V 或 AC 250 V
输出电压允许范围	DC 20.4～28.8 V	DC 5～30 V，AC 5～250 V
最大电流时逻辑 1 输出电压	最小 DC 20 V	
10 kΩ 负载时逻辑 0 输出电压	最大 DC 0.1 V	
逻辑 1 最大输出电流	0.5 A	2 A
每个公共端的额定电流	6 A	10 A
逻辑 0 最大漏电流	10 μA	—
灯负载	5 W	DC 30 W/AC 200 W
接通状态电阻	最大 0.6 Ω	新的时候最大 0.2 Ω
从断开到接通最大延时	Qa.0～Qa.3 最长 1 μs，其他输出点最长 50 μs	最长 10 ms
从接通到断开最大延时	Qa.0～Qa.3 最长 3 μs，其他输出点最长 200 μs	最长 10 ms
感性钳位电压	L+减 DC 48 V，1 W 功耗	

2. 数字量输出电路

S7-200 SMART 的数字量输入电路的功率元件有驱动支流负载的 MOSFET（场效应晶体管）和既可以驱动交流负载又可以驱动直流负载的继电器，负载电源由外部提供。输出电路一般分为若干组，对每一组的总电流也有限制。

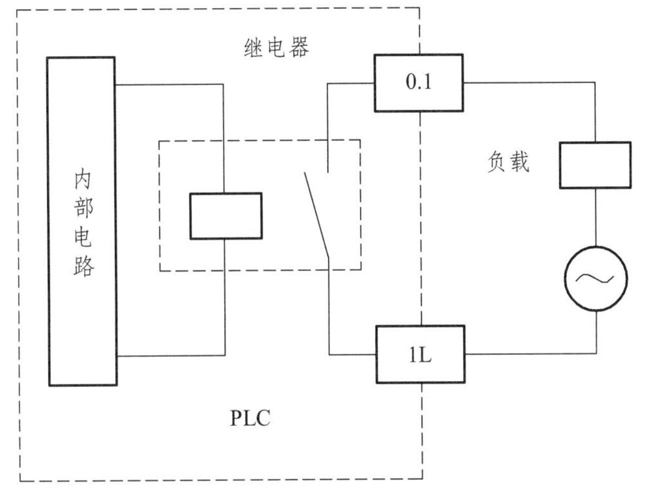

图 2-43 继电器输出电路

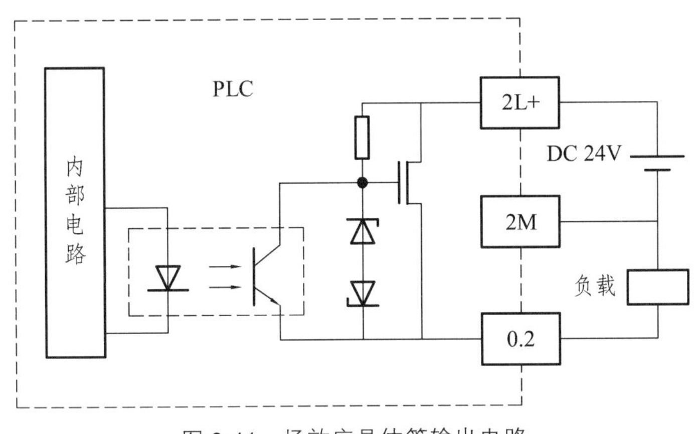

图 2-44 场效应晶体管输出电路

图 2-43 是继电器输出电路，继电器同时起隔离和功率放大作用，每一路只给用户提供一对常开触点。

图 2-44 是场效应晶体管输出电路。输出信号送给内部电路中的输出锁存器，再经光耦合器送给场效应晶体管，后者的饱和导通状态和截止状态相当于触点的接通和断开。图中的稳压管用来抑制关断过电压和外部的浪涌电压，以保护场效应晶体管，场效应晶体管输出电路的工作频率可达 100kHz。图中电流从输出端流出，称为源型输出。

3. PLC 外接急停按钮的常闭触点（梯形图中用常开触点）

PLC 外部的硬件输入电路与梯形图中对应的触点是通过输入过程映像寄存器联系起来的。在扫描循环的输入处理阶段，PLC 读取 I0.0 端子外接的输入电路的接通/断开状态。外部输入电路接通时，I0.0 对应的输入过程映像寄存器为 1 状态，梯形图中 I0.0 的常开触点接通，常闭触点断开，反之亦反。综上所述，可知 I0.0 端子外接急停按钮的常闭触点时，梯形图中应使用 I0.0 的常开触点。

在梯形图程序设计中，在使用急停的场合使用常闭触点。原因如下：

PLC 外部的硬件输入电路与梯形图中对应的触点是经过输入进程映像寄存器联系起来

的。在扫描循环的输入处理期间，PLC 读取 I0.0 端子外接的输入电路的接通/断开状况。外部输入电路接通时，I0.0 对应的输入进程映像寄存器为 1 状况，梯形图中 I0.0 的常开触点接通，常闭触点断开，反之亦反。

CPU 实际上只知道外部输入电路的通、断，并不知道外部的输入电路是什么触点，或者是多个触点构成的串并联电路。输入模块能够外接常开触点，也能够外接常闭触点。不论外接的是什么触点，在梯形图中，能够运用输入点的常开触点或常闭触点。

假如在 PLC 的外部接线图中，I0.0 端子外接急停按钮的常开触点，按下急停按钮，I0.0 对应的输入进程映像寄存器为 1 状况，梯形图中 I0.0 的常闭触点断开，因而梯形图中应运用 I0.0 的常闭触点。

假如在 PLC 的外部接线图中，I0.0 端子外接急停按钮的常闭触点，未按急停按钮，它的常闭触点闭合，I0.0 对应的输入进程映像寄存器为 1 状况，梯形图中 I0.0 的常开触点闭合。按下急停按钮，它的常闭触点断开，I0.0 对应的输入进程映像寄存器为 0 状况，梯形图中 I0.0 的常开触点断开，因而梯形图中应运用 I0.0 的常开触点。综上所述，可知 I0.0 端子外接急停按钮的常闭触点时，梯形图中应运用 I0.0 的常开触点。

急停按钮和用于安全维护的限位开关的硬件常闭触点比常开触点更为可靠。假如外接的急停按钮的常开触点触摸欠好或线路断线，紧迫情况时按急停按钮不起效果。假如 PLC 外接的是急停按钮的常闭触点，呈现上述疑问时将会使设备停机，有利于及时发现和处理触点的疑问。因而用急停按钮和安全维护的限位开关的常闭触点给 PLC 供给输入信号。

4. 接线注意

1）电源接线

（1）PLC 使用直流 24 V、交流 100 ~ 120 V 或 200 ~ 240 V 的工业电源。PLC 的外接电源端位于输出端子板左上角的两个接线端。

（2）PLC 必须在所有外部设备通电后才能开始工作。所有外部设备都上电后再将方式选择开关由“TOP”方式设置为“RUN”方式。将 PLC 编程设置为在外部设备未上电前不进行输入、输出操作。

（3）当控制单元与其他单元相接时，各单元的电源线连接应能同时接通和断开。

（4）当电源瞬间掉电时间小于 10 ms 时，不影响 PLC 的正常工作。

（5）应增加紧急停车电路。

2）接地

（1）PLC 的接地线应为专用接地线，其直径应在 2 mm 以上。

（2）接地电阻应小于 100 Ω。

（3）PLC 的接地线不能和其他设备共用。

（4）PLC 的各单元的接地线相连。

3）控制单元输入端子接线

（1）输入线尽可能远离输出线、高压线及电机等干扰源。

（2）切勿将外接电源加到交流型 PLC 的内藏式直流电源的输出端子上。

（3）切勿将用于输入的电源并联在一起，更不可将这些电源并联到其他电源上。

4）控制单元输出端子接线

（1）输出线尽可能远离高压线和动力线等干扰源。

（2）各“COM”端均为独立的，故各输出端既可独立输出，又可采用公共并接输出。当各负载使用不同电压时，采用独立输出方式；而各个负载使用相同电压时，可采用公共输出方式。

（3）应在外部输出电路中安装熔断器或设计紧急停车电路。

2.4 实训步骤

（1）按电气接线图接好线。

（2）在 STEP 7-Micro/WIN SMART 下输入程序并编译。

（3）将编译好的程序从 PC 机（STEP 7-Micro/WIN SMART 编程软件）下载到 PLC 主机。

（4）PC 机在监控状态下调试程序。

（5）运行程序并记录现象。

2.5 实训注意事项

（1）接线前应切断一切电源。

（2）接好线后经指导教师同意后方可通电。

（3）插拔通信电缆时须断电。

（4）实训完成后将工作台断电，并整理工作台，将器材放回原位置。

2.6 工业控制实训室实训设备的介绍

2.6.1 PLC 实训设备的组成

实训设备由一台 PLC 主机单元与十三台实训演示单元组成，PLC 主机单元内设有西门子 S7-200 SMART 控制器，面板上带有 PLC 的 I/O 口，在每个输入口接有纽子开关。实训设备配套以下 15 台演示单元：

（1）电机控制；

（2）三相电机的星角启动；

（3）交通灯控制；

（4）铁塔之光；

（5）自动送料装车系统；

（6）拨码开关七段数码管；

（7）水塔水位自动控制；

（8）多种液体自动混合；

（9）全自动洗衣机；

（10）电镀生产线；

（11）自控成型机；

（12）自控轧钢机；

（13）邮件分拣机；

（14）四层电梯控制；

（15）步进电机控制。

主机单元与实训单元均有对应接线插孔。用插线把 S7-200 SMART 主机与实训单元的插孔相连接，并且把主机与单元板对应接线按照图纸接上，即可进行实训。图 2-45 所示为 S7 200-smart plc 实训装置台。

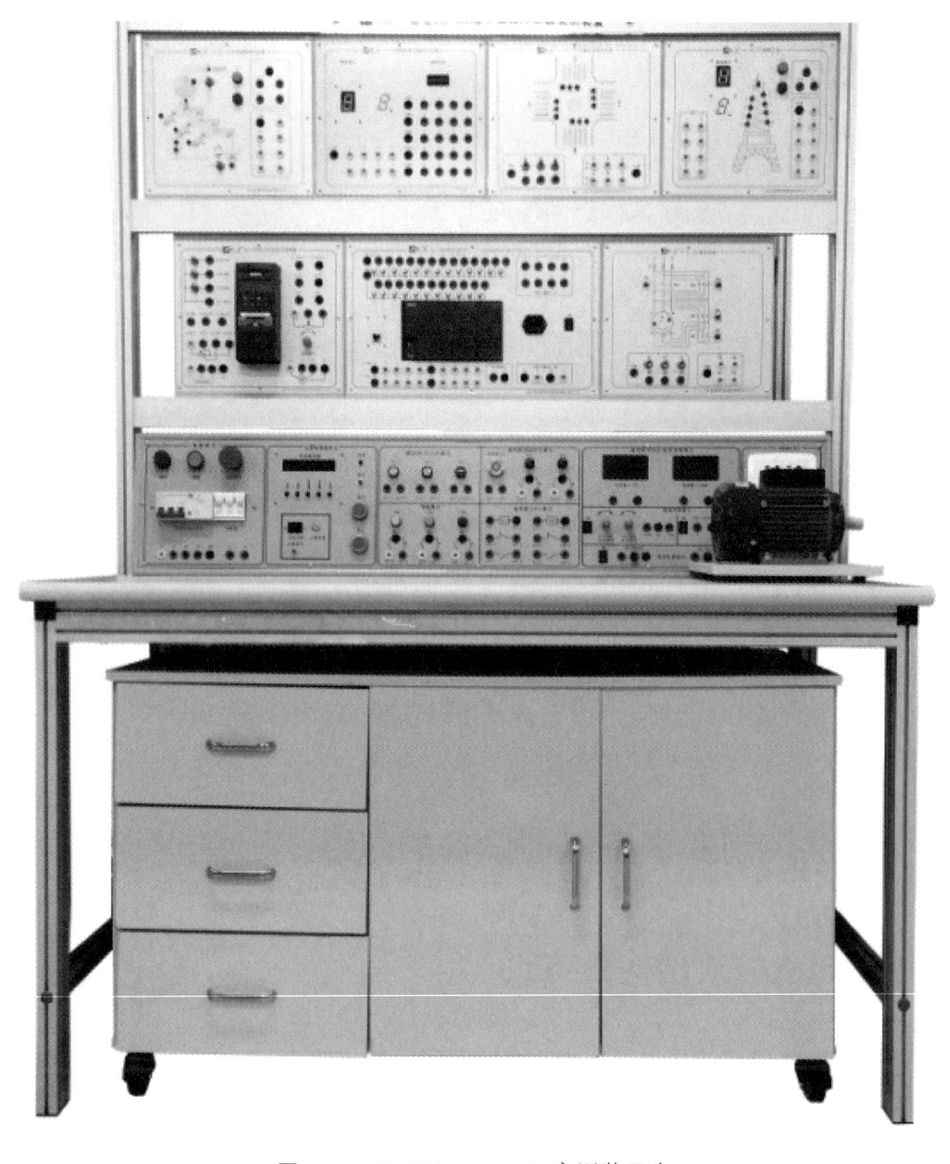

图 2-45　S7 200-smart plc 实训装置台

第3章 实 训

3.1 三相电动机的顺序控制

1. 目的

（1）了解三相电动机顺序控制的工作原理。

（2）了解用梯形图编写程序的编程方法和了解本实训的指令程序。

（3）掌握 I/O 口的分配和 I/O 口接线方法。

（4）掌握编程软件的使用、程序调试方法以及用编程软件对用户程序的运行进行监控。

2. 设备

（1）PLC-主机单元一台。

（2）三相异步电动机控制单元（图 3-1）一台。

（3）计算机一台。

（4）安全导线若干条。

（5）网线一根。

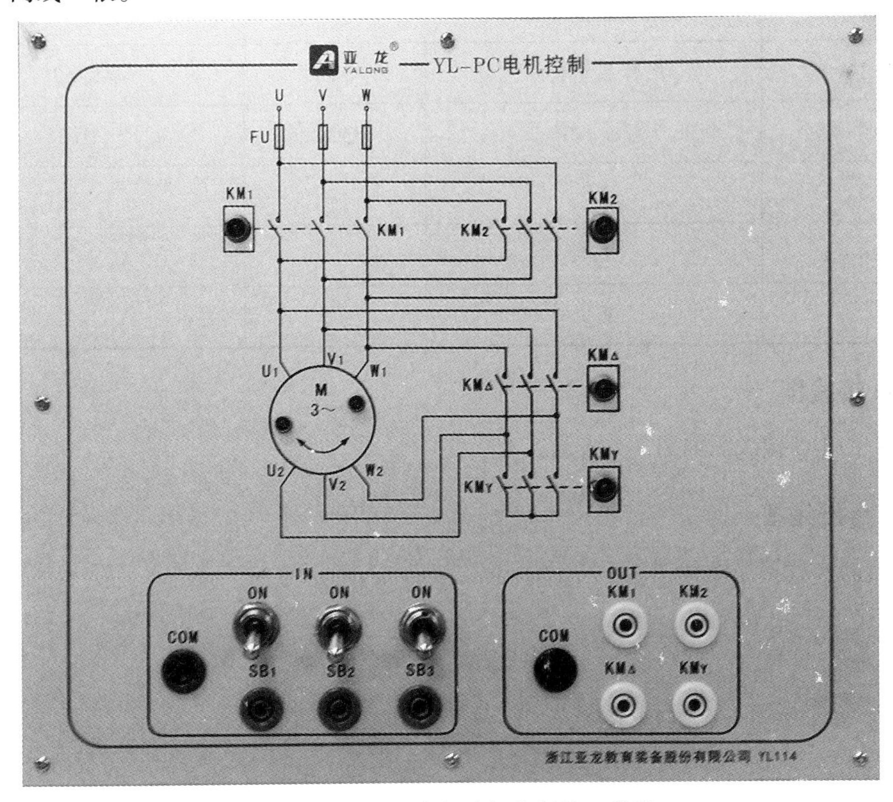

图 3-1 三相异步电动机控制单元模块

3. 例题

有一台三相异步交流电动机，需实现正反转，其控制要求如下：

（1）工作过程。

当按下正转启动按钮 SB1 时，电机开始正转，当按下反转按钮 SB2 时，电机开始反转。

（2）停止过程。

任何时候，按下停止按钮 SB3，电动机停止运行。

（3）报警及保护。

在系统中有急停保护按钮 ES 和电动机过载保护继电器 FR。如果电动机运行过程中按下急停按钮，或者电动机发生过载，则电动机立即停止运转，同时报警指示灯 HL1 以 1 Hz（50%占空比）的频率闪烁。系统中有报警解除按钮，如果系统发生报警，按下此按钮，报警指示灯熄灭。

4. I/O 分配表

电动机正反转的 I/O 分配表，如表 3-1 所示。

表 3-1　分配表

输入		输出	
地址	名称	地址	名称
I0.0	正转启动按钮	Q0.0	KM1
I0.1	反转启动按钮	Q0.1	KM2
I0.2	停止按钮	Q0.2	HL1
I0.3	ES		
I0.4	FR		
I0.5	复位		

5. I/O 接线图

本项目的 I/O 接线图如图 3-2 所示。

6. 实物接线图

本项目的实物接线图如图 3-3 所示。

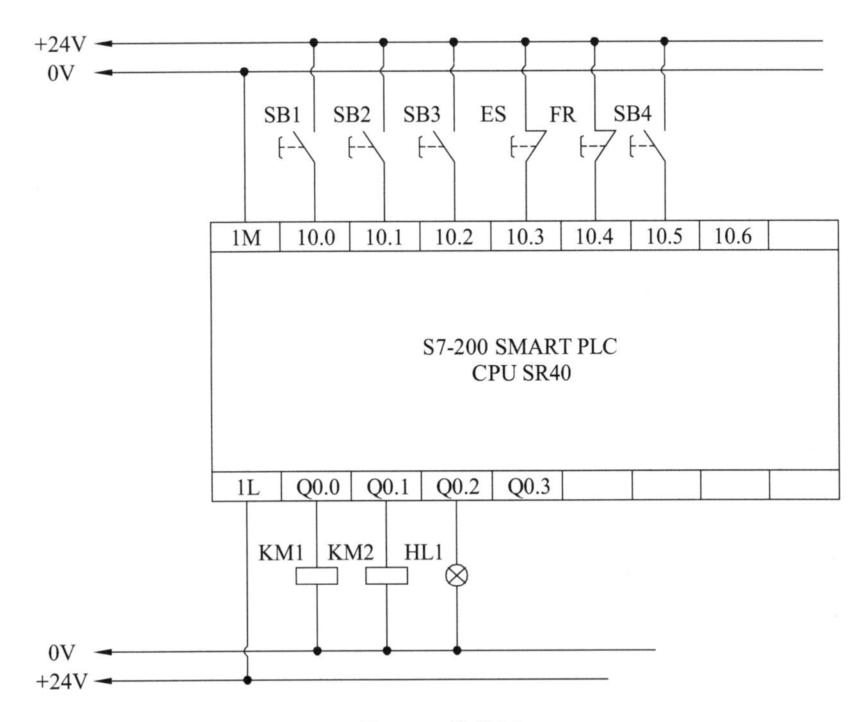

图 3-2　接线图

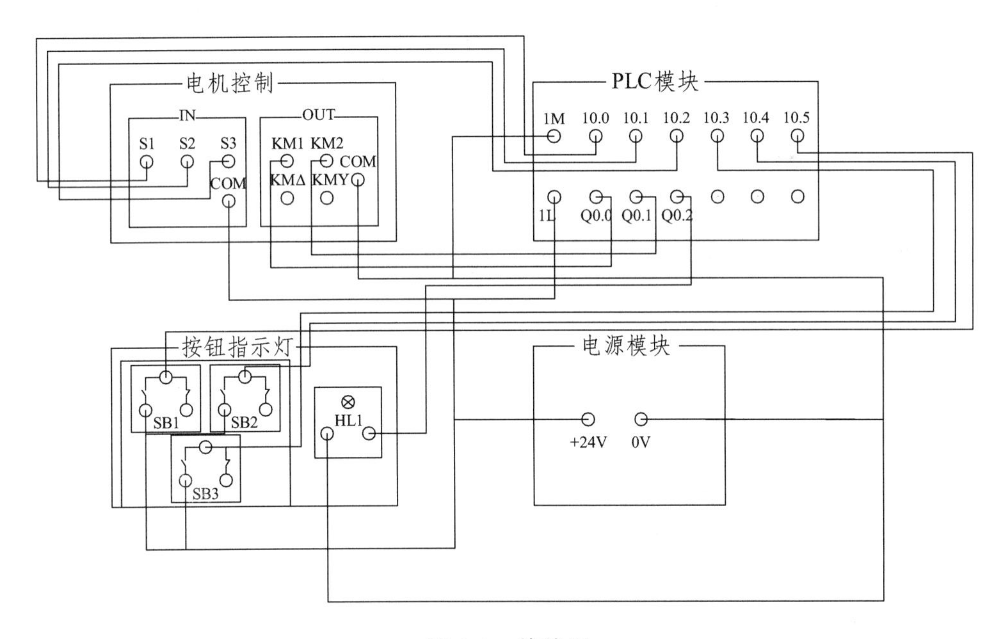

图 3-3　接线图

7. 程序编写

本项目的程序如图 3-4 所示。

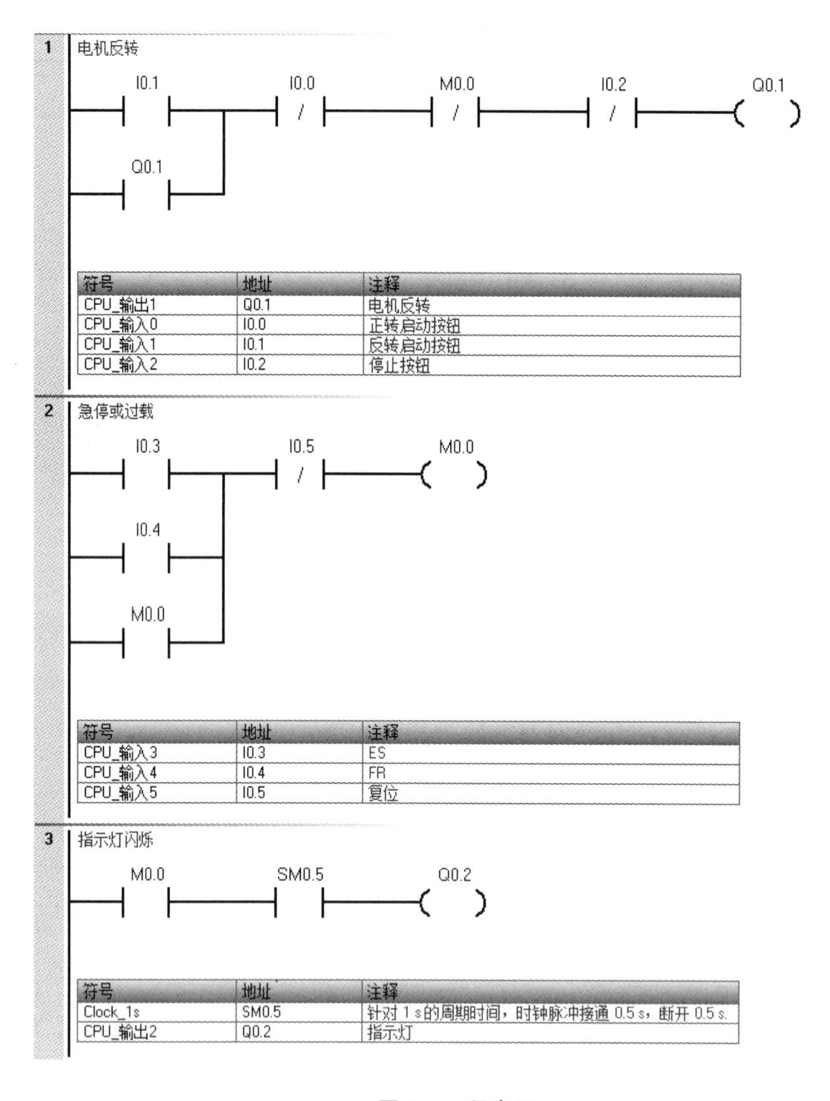

图 3-4　程序图

8. 知识拓展

1）特殊功能寄存器 SMB0

SMB0 系统状态位，特殊内存字节。SM0.0 ~ SM0.7 提供八个位，在每次扫描循环结尾处由 S7-200 CPU 更新。程序可以读取这些位的状态，然后根据位值做出决定。常用的特殊标志位寄存器如表 3-2 所示。

表 3-2　常用特殊标志位寄存器

S7-200 符号名	SM 地址	用户程序读取 SMB0 状态数据
Always On	SM0.0	该位总是打开
First_Scan_On	SM0.1	首次扫描循环时该位打开。该位可用作调用初始化子例行程序
Retentive Lost	SM0.2	如果保留性数据丢失，该位为一次扫描循环打开。该位可用作错误内存位或激活特殊启动顺序的机制

续表

S7-200 符号名	SM 地址	用户程序读取 SMB0 状态数据
RUN Power Up	SM0.3	从电源开启条件进入 RUN（运行）模式时，该位为一次扫描循环打开。该位可用于在启动操作之前提供机器预热时间
Clock 60 s	SM0.4	该位提供时钟脉冲，该脉冲在 1 分钟的周期时间内 OFF（关闭）30 s，ON（打开）30 s。该位提供便于使用的延迟或 1 min 时钟脉冲
Clock 1 s	SM0.5	该位提供时钟脉冲，该脉冲在 1 秒钟的周期时间内 OFF（关闭）0.5 s，ON（打开）0.5 s。该位提供便于使用的延迟或 1 s 时钟脉冲
Clock Scan	SM0.6	该位是扫描循环时钟，为一次扫描打开，然后为下一次扫描关闭。该位可用作扫描计数器输入

2）定时器及振荡电路程序

定时器程序图如图 3-5 所示。

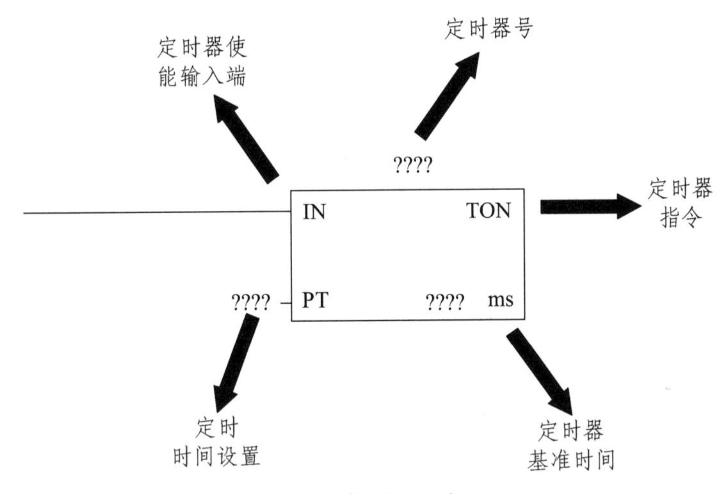

图 3-5 定时器程序图

（1）定时器分辨率。

定时器有 1 ms、10 ms 和 100 ms 三种分辨率，分辨率取决于定时器的编号。输入定时器编号后，在定时器方框的右下角内将会出现定时器的分辨率，定时时间=设定值×分辨率，定时器编号与分辨率如表 3-3 所示。

表 3-3 定时器编号与分辨率

定时器类型	分辨率/ms	最大当前值/s	定时器编号
TONR	1	32.767	T0，T64
	10	327.67	T1～T4，T65～T68
	100	3 276.7	T5～T31，T69～T95
TON，TOF	1	32.767	T33～T36，T97～T100
	10	327.67	T33～T36，T97～T100
	100	3 276.7	T37～T63，T101～T255

（2）接通延时定时器（TON）。

TON 指令在输入端使能接通后，开始计时。当前值大于或等于预设时间（PT）时，定时器触点接通。当输入端断开时，接通延时定时器当前值被清除，触点恢复初始状态。达到预设值后，定时器仍继续计时，达到最大值 32 767 时，停止计时。

此例中，定时器号是 T37、分辨率为 100 ms、定时器预设值为 60，即定时时间：60×100 ms=6 s；初始时，I0.1 断开，定时器当前值为 0。当 I0.1 接通，定时器开始计时，当前值达到 60 时，T37 常开点接通。若到达预设值后 T37 还是接通，则定时器继续计时，直到当前值到达 32 767。若在定时过程中，I0.1 断开，则定时器当前值清 0，触点断开。图 3-6 为接通延时定时器在程序中的应用。

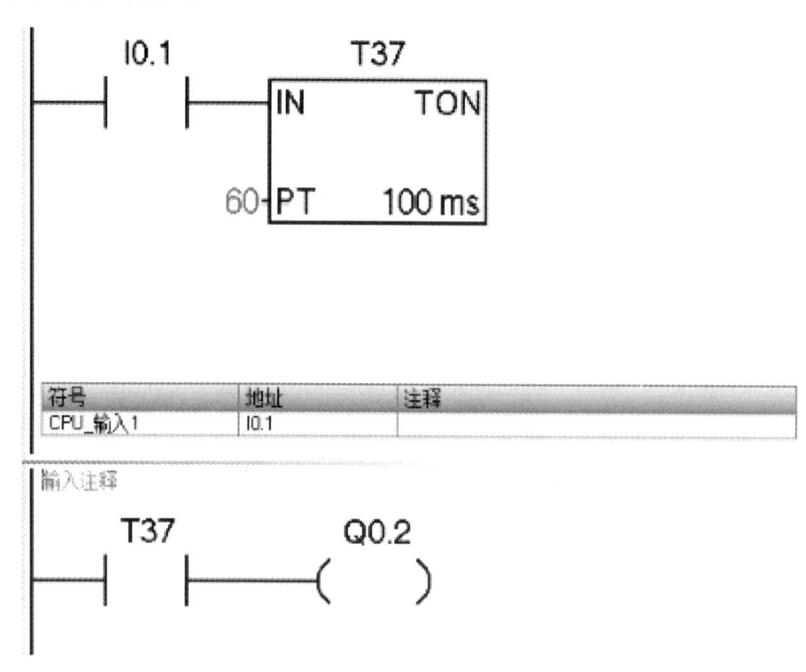

图 3-6　接通延时定时器程序应用

（3）保持型接通延时定时器（TONR）。

TONR 指令在输入端使能后，开始计时。到达预设值时，触点接通。到达预设值后若使能端还是接通，则定时器继续计时，直到当前值到达 32 767。在计时过程中使能端断开，则定时器保持当前值不变。TONR 若要清 0，则要用复位指令。图 3-7 为保持型接通延时定时器在程序中的应用。

（4）断电延时计时器（TOF）。

TOF 指令用于使能端断开后，延迟一段时间再关闭输出。当使能端接通后，定时器触点 T38 立刻接通（图 3-7），当前值被清 0，并保持此状态。使能端由接通—断开时，定时器开始计时。当前值到达设定值，停止计时，定时器触点断开。若在定时器计时过程中，输入信号 I0.1 接通，则定时器仍保持接通状态，当前值清 0。图 3-8 为断电延时定时器在程序中的应用。

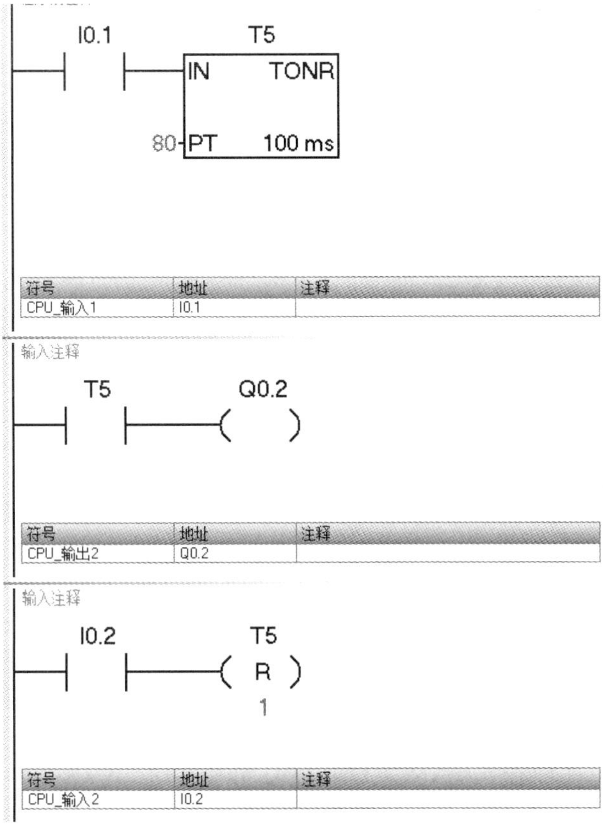

I0.1 T5

IN TONR

80-PT 100 ms

符号	地址	注释
CPU_输入1	I0.1	

输入注释

T5 Q0.2

符号	地址	注释
CPU_输出2	Q0.2	

输入注释

I0.2 T5

R

1

符号	地址	注释
CPU_输入2	I0.2	

图 3-7 保持型接通延时定时器程序应用

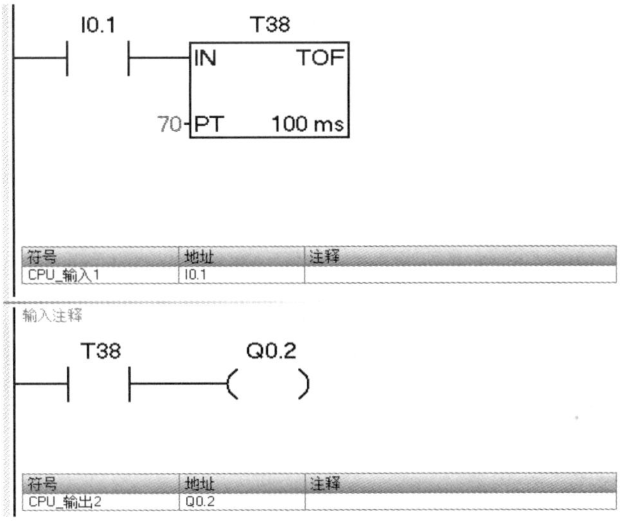

I0.1 T38

IN TOF

70-PT 100 ms

符号	地址	注释
CPU_输入1	I0.1	

输入注释

T38 Q0.2

符号	地址	注释
CPU_输出2	Q0.2	

图 3-8 断电延时定时器

（5）振荡电路程序。

振荡电路可产生特定通断时序的脉冲，应用在脉冲信号源或闪光报警电路中。定时器组成的振荡电路如图 3-9 所示。

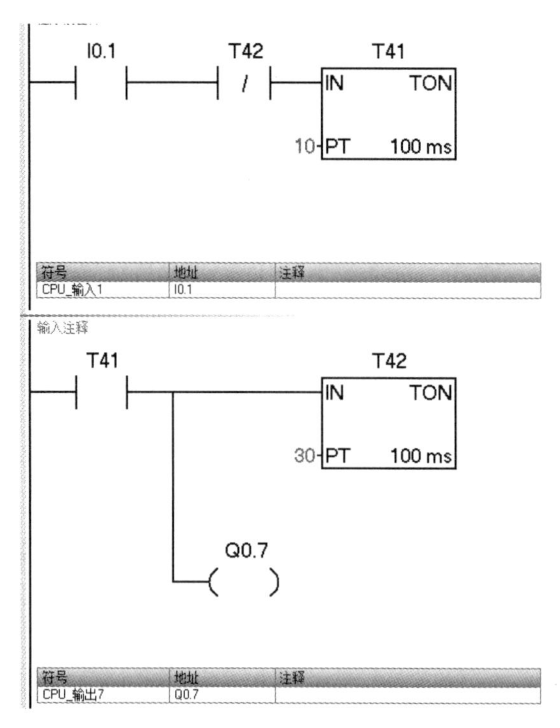

图 3-9　振荡电路程序编写

图中 I0.1 接通后，T41 输入端 IN 为 ON，T41 开始定时。1 s 后，T41 的常开触点接通，Q0.7 变为 ON，同时 T42 开始定时。3 s 后 T42 的定时时间到，T42 常闭触点断开，T41 因为输入断开而被复位。T41 的常开触点断开，使 Q0.7 变为 OFF，同时 T42 因为输入断开而被复位。复位后其常闭触点接通，下一扫描周期 T41 又开始定时。Q0.7 的线圈周期性地“通电”和“断电”。

9. 操作注意

（1）先将 PLC 主机上的电源开关拨到关状态，严格按图 3-2 所示接线，注意 12 V 和 24 V 电源的正负不要短接，电路不要短路，否则会损坏 PLC 触点。

（2）将电源线插进 PLC 主机表面的电源孔中，再将另一端插到 220 V 电源插板。

（3）将 PLC 主机上的电源开关拨到开状态，并且必须将 PLC 串口置于 STOP 状态，然后通过计算机或编程器将程序下载到 PLC 中，下载完后，再将 PLC 的串口置于 RUN 状态。

（4）实训操作按工作方式操作。

10. 思考题

（1）有一台三相异步交流电动机，需实现正反转，其控制要求如下：

① 工作过程。

当按下按钮 SB1 时，电机开始正转，电机正转 5 s，电机开始反转，电机反转 10 s，然后再正转，如此循环。

② 停止过程。

任何时候，按下停止按钮 SB2，电动机停止运行。

③ 报警及保护。

在系统中有急停保护按钮 ES 和电动机过载保护继电器 FR。如果电动机运行过程中按下急停按钮，或者电动机发生过载，则电动机立即停止运转，同时报警指示灯 HL1 以 2 Hz（50%占空比）的频率闪烁。系统中有报警解除按钮，如果系统发生报警，按下此按钮，报警指示灯熄灭。

（2）有一台三相异步交流电动机，需实现正反转，其控制要求如下：

① 工作过程。

当按下正转启动按钮 SB1 时，电机开始正转，电机正转 15 s，停止 5 s，电机开始反转，电机反转 10 s，停止 3 s，然后再正转，如此循环。

② 停止过程。

任何时候，按下停止按钮 SB3，电动机停止运行。

③ 报警及保护。

在系统中有急停保护按钮 ES 和电动机过载保护继电器 FR。如果电动机运行过程中按下急停按钮，或者电动机发生过载，则电动机立即停止运转，同时报警指示灯 HL1 以 4 Hz（50%占空比）的频率闪烁。系统中有报警解除按钮，如果系统发生报警，按下此按钮，报警指示灯熄灭。

（3）有一台三相异步交流电动机，需实现正反转，其控制要求如下：

① 工作过程。

当第一次按下启动按钮 SB1 时，电机开始正转，第二次按下启动按钮 SB1 时，电机开始反转。当第三次按下启动按钮 SB1 时，电机开始正转，以此类推。

② 停止过程。

任何时候，按下停止按钮 SB3，电动机停止运行。

③ 报警及保护。

在系统中有急停保护按钮 ES 和电动机过载保护继电器 FR。如果电动机运行过程中按下急停按钮，或者电动机发生过载，则电动机立即停止运转，同时报警指示灯 HL1 以 2 Hz（50%占空比）的频率闪烁。系统中有报警解除按钮，如果系统发生报警，按下此按钮，报警指示灯熄灭。

3.2 三相电动机的星-角启动控制

1. 目的

（1）了解三相电动机星-角控制的工作原理。

（2）了解用梯形图编写程序的编程方法和了解本实训的指令程序。

（3）掌握 I/O 口的分配和 I/O 口接线方法。

（4）掌握编程软件的使用、程序调试方法以及用编程软件对用户程序的运行进行监控。

2. 设备

（1）PLC-主机单元一台。

（2）三相异步电动机控制单元（图 3-10）一台。

（3）计算机或编程器一台。

（4）安全导线若干条。

（5）网线一根。

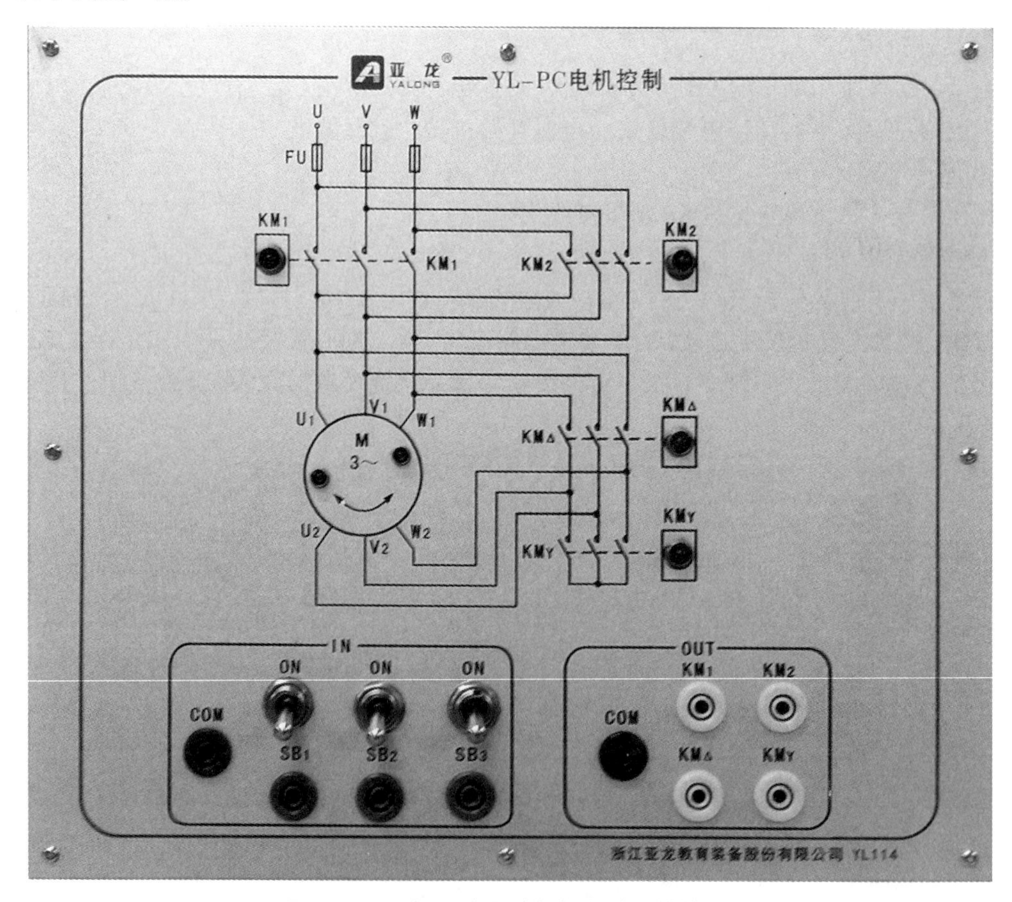

图 3-10　三相异步电动机控制单元模块图

3. 例题

（1）有一台三相异步交流电动机，需采用星—角启动方式启动工作，其控制要求如下：

① 工作过程。

当按下星形启动按钮 SB1 时，主接触器 KM1 闭合，同时星形启动接触器 KMY 闭合，电动机做星形连接，降压启动。星形启动后，当按下三角形启动按钮 SB2 时，星形启动接触器 KMY 断开，三角形运行接触器 KM△闭合，电动机正常运转。

② 停止过程。

任何时候，按下停止按钮 SB3，电动机停止运行。

③ 报警及保护。

在系统中有急停保护按钮 ES 和电动机过载保护继电器 FR。如果电动机运行过程中按下急停按钮，或者电动机发生过载，则电动机立即停止运转，同时报警指示灯 HL1 以 1 Hz（50%占空比）的频率闪烁。系统中有报警解除按钮，如果系统发生报警，按下此按钮，报警指示灯熄灭。

4. I/O 分配表

电动机星—角启动的 I/O 分配表如表 3-4 所示。

表 3-4　I/O 分配表

输入		输出	
I0.0	星形启动按钮	Q0.0	KM1
I0.1	三角形启动按钮	Q0.1	KMY
I0.2	停止按钮	Q0.2	KM△
I0.3	ES	Q0.3	HL1
I0.4	FR		
I0.5	复位		

5. I/O 接线图

本项目 I/O 接线图如图 3-11 所示。

6. 实物接线图

本项目实物接线图如图 3-12 所示。

7. 程序编写

本项目程序图如图 3-13 所示。

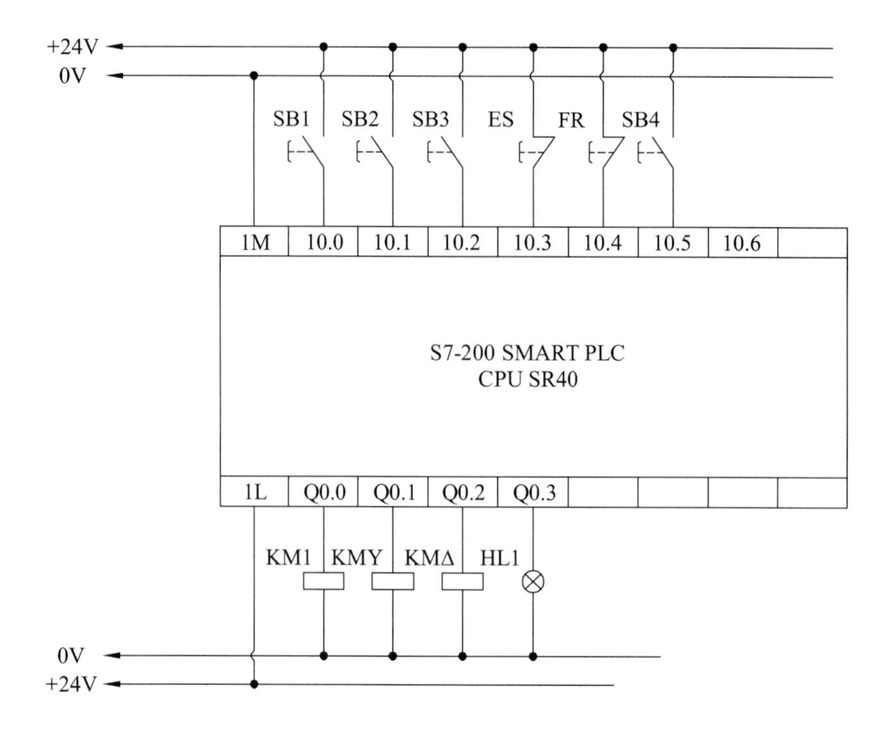

图 3-11　电动机星—角启动 I/O 接线图

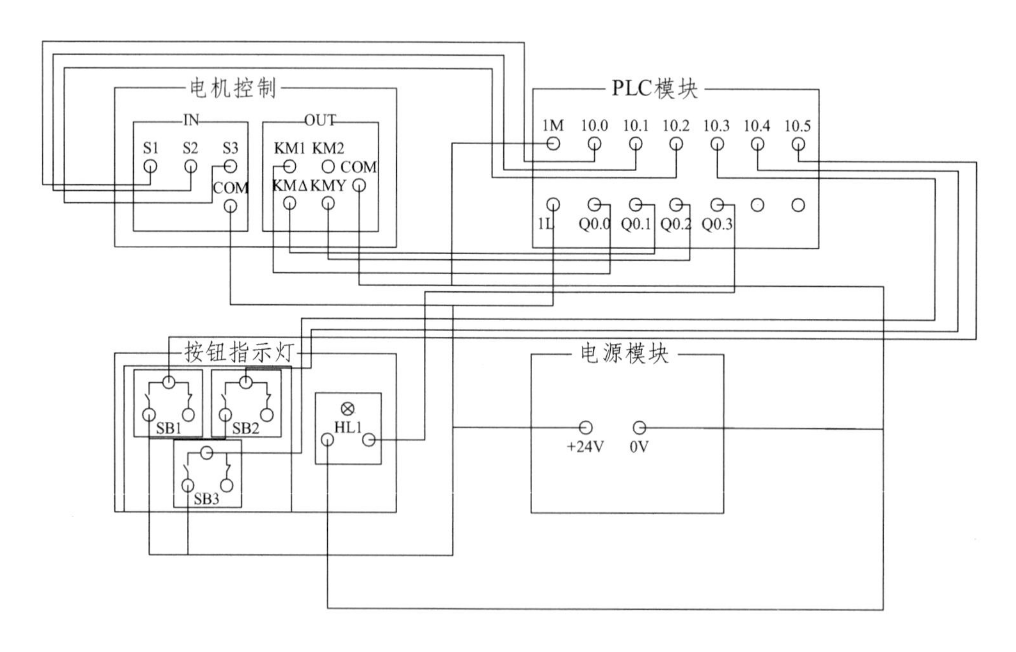

图 3-12　电动机星-角启动接线图

1

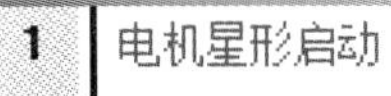
电机星形启动

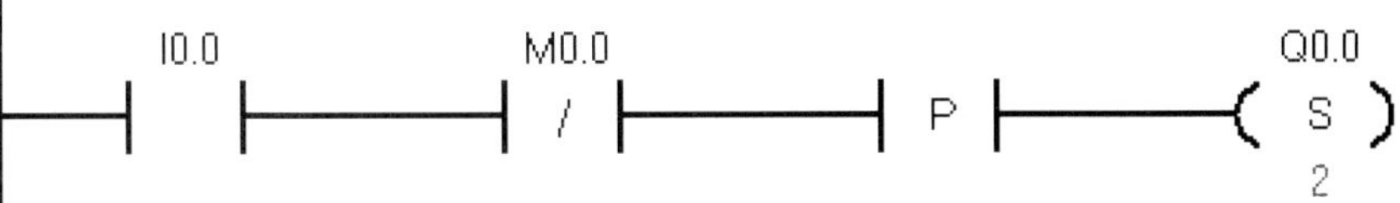

符号	地址	注释
CPU_输出0	Q0.0	KM1
CPU_输入0	I0.0	星形启动按钮

2

电机角形运行

I0.1 M0.0 / P Q0.1 R 1 Q0.2 S 1

符号	地址	注释
CPU_输出1	Q0.1	KMY
CPU_输出2	Q0.2	KM△
CPU_输入1	I0.1	角形启动按钮

3

停止

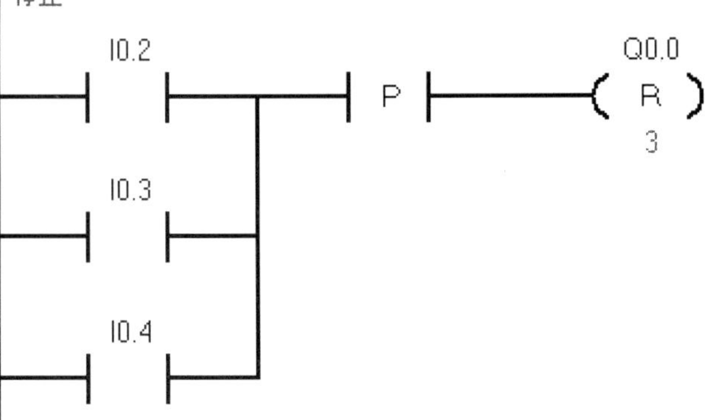

符号	地址	注释
CPU_输出0	Q0.0	KM1
CPU_输入2	I0.2	停止按钮
CPU_输入3	I0.3	ES
CPU_输入4	I0.4	FR

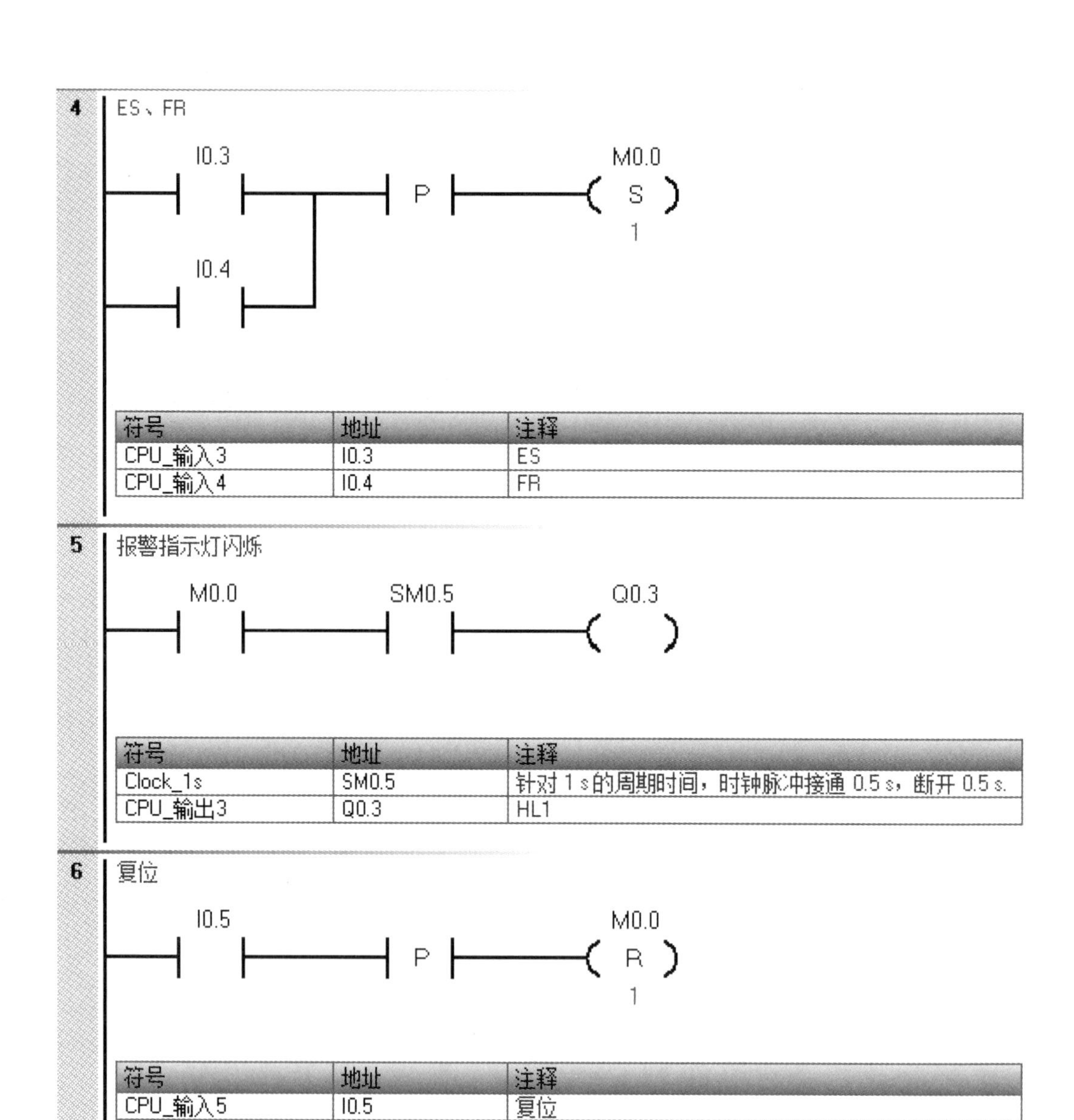

图 3-13　电动机星—角启动程序图

8. 知识拓展

1）置位、复位指令

（1）SET 指令。

SET 指令称为置位指令。其功能是：驱动线圈，使其具有自锁功能，维持接通状态。在图 3-14 中，当动合触点 I0.0 闭合时，执行 SET 指令，使 Q0.0 线圈接通。在 I0.0 断开后，Q0.0 线圈继续保持接通状态，要使 Q0.0 线圈失电，则必须使用复位指令 RST。置位指令的操作元件为输出继电器、辅助继电器和状态继电器。

（2）RST 指令。

RST 指令称为复位指令，其功能是使线圈复位。图 3-14 中，当动合触点 I0.1 闭合时，执行 RST 指令，使 Q0.0 线圈复位。在 I0.1 断开后，Q0.0 线圈继续保持断开状态。RST 指令应用如图 3-14 所示。

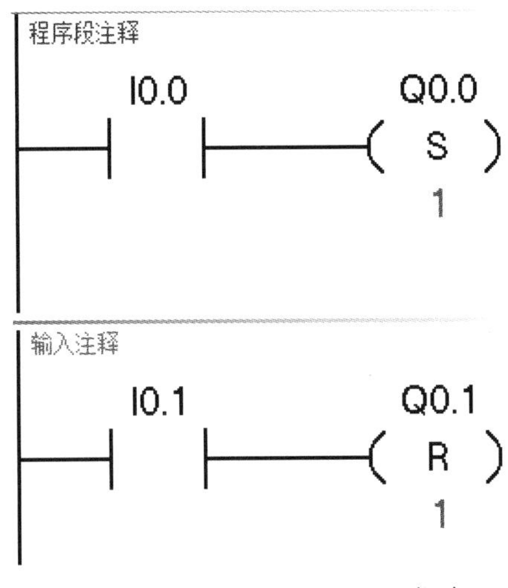

图 3-14　RST 指令

2）SR 触发器和 RS 触发器

① SR 触发器（置位优先触发器）。

置位优先触发器是一个置位优先的锁存器。当置位信号（S1）和复位信号（R）都为真时，输出为 1。

② RS 触发器（复位优先触发器）。

复位优先触发器是一个复位优先的锁存器。当置位信号（S）和复位信号（R1）都为真时，输出为 0。触发器指令用法如图 3-15 所示。

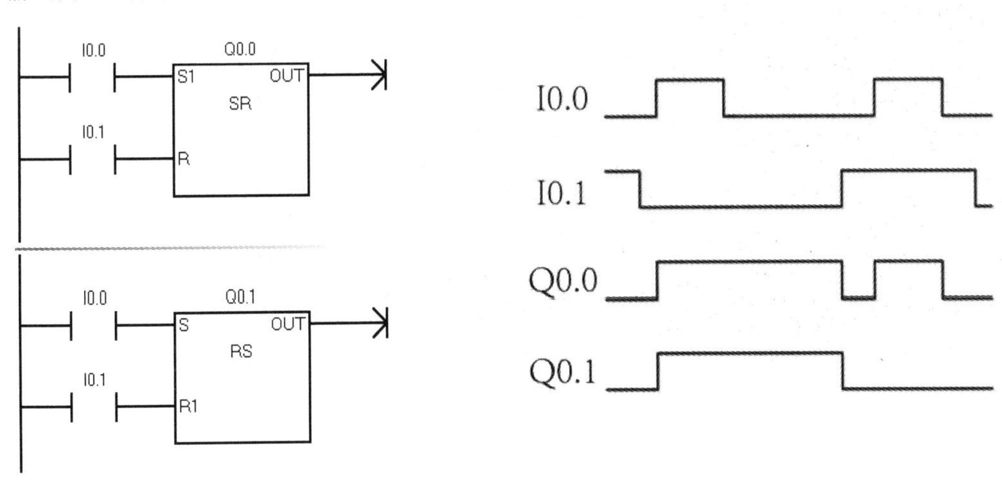

图 3-15　触发器指令

9. 操作注意

（1）先将 PLC 主机上的电源开关拨到关状态，严格按图 3-11 所示接线，注意 12 V 和 24 V 电源的正负不要短接，电路不要短路，否则会损坏 PLC 触点。

（2）将电源线插进 PLC 主机表面的电源孔中，再将另一端插到 220 V 电源插板。

（3）将 PLC 主机上的电源开关拨到开状态，并且必须将 PLC 串口置于 STOP 状态，然后通过计算机或编程器将程序下载到 PLC 中，下载完后，再将 PLC 的串口置于 RUN 状态。

（4）实训操作按工作方式操作。

10. 思考题

（1）有一台三相异步交流电动机，需采用星—角启动方式启动工作，其控制要求如下：

① 工作过程。

当按下启动按钮 SB1 时，主接触 KM1 闭合，同时星形启动接触器 KMY 闭合，电动机做星形连接，降压启动。星形启动 5 s 后，星形启动接触器 KMY 断开，三角形运行接触器 KM△闭合，电动机正常运转。

② 停止过程。

任何时候，按下停止按钮 SB3，电动机停止运行。

③ 报警及保护。

在系统中有急停保护按钮 ES 和电动机过载保护继电器 FR。如果电动机运行过程中按下急停按钮，或者电动机发生过载，则电动机立即停止运转，同时报警指示灯 HL1 以 2 Hz（50% 占空比）的频率闪烁。系统中有报警解除按钮，如果系统发生报警，按下此按钮，报警指示灯熄灭。

3.3 交通灯控制

1. 目的

（1）了解交通灯的工作原理及操作方法。

（2）掌握 PLC 控制的 PLC 的 I/O 连接方法。

（3）掌握梯形图的编程方法和理解指令程序的编法。
（4）掌握编程软件的使用、程序调试方法以及用编程软件对用户程序的运行进行监控。

2. 设备

（1）PLC-主机单元一台。
（2）交通灯控制单元（图 3-16）一台。
（3）编程器或计算机一台。
（4）安全连线若干条。
（5）网线一根。

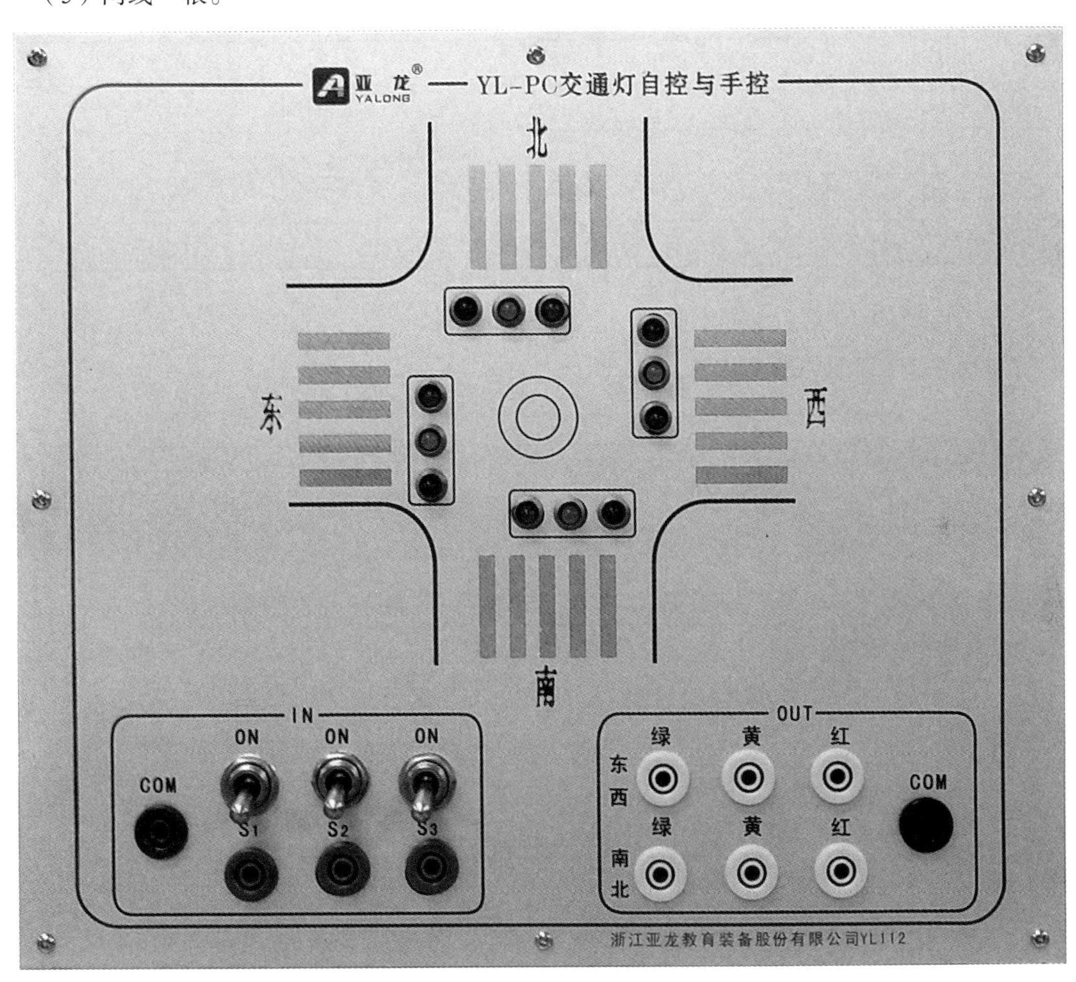

图 3-16 交通灯控制单元模块图

3. 例题

交通灯控制要求：
（1）该单元设有启动 SB1 和停止按钮 SB2，用以控制系统的“启动”与“停止”。
（2）交通灯显示方式：
当启动按钮 SB1 按下后，东西绿灯亮 10 s 后，以 1 Hz 频率闪烁 5 s 灭，黄灯以 2 Hz 频率闪烁 5 s 后灭，红灯亮 20 s，以此循环。对应东西绿灯、黄灯亮时南北红灯亮 20 s，接着绿灯亮 10 s 后，以 1 Hz 频率闪烁 5 s 灭，黄灯以 2 Hz 频率闪烁 5 s 后灭，红灯亮，以此循环。

（3）当按下停止按钮 SB2 时，所有的交通灯熄灭。

4. I/O 分配表

交通灯 I/O 分配表如表 3-5 所示。

表 3-5　交通灯 I/O 分配表

输入		输出	
I0.0	启动按钮	Q0.0	东西绿灯
I0.1	停止按钮	Q0.1	东西黄灯
		Q0.2	东西红灯
		Q0.3	南北绿灯
		Q0.4	南北黄灯
		Q0.5	南北红灯

5. I/O 接线图

本项目 I/O 接线图如图 3-17 所示。

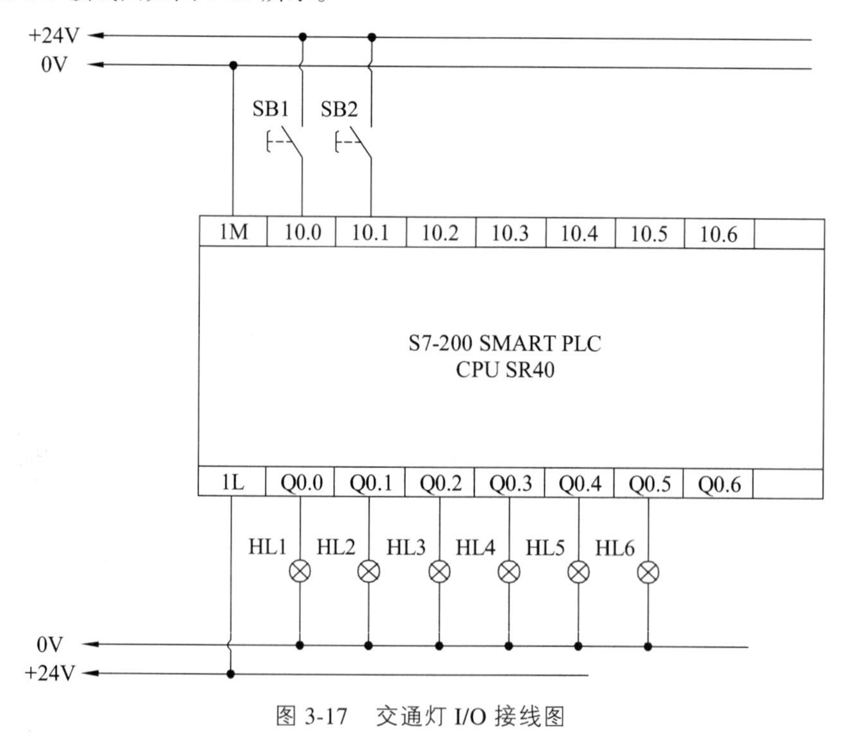

图 3-17　交通灯 I/O 接线图

6. 实物接线图

本项目实物接线图如图 3-18 所示。

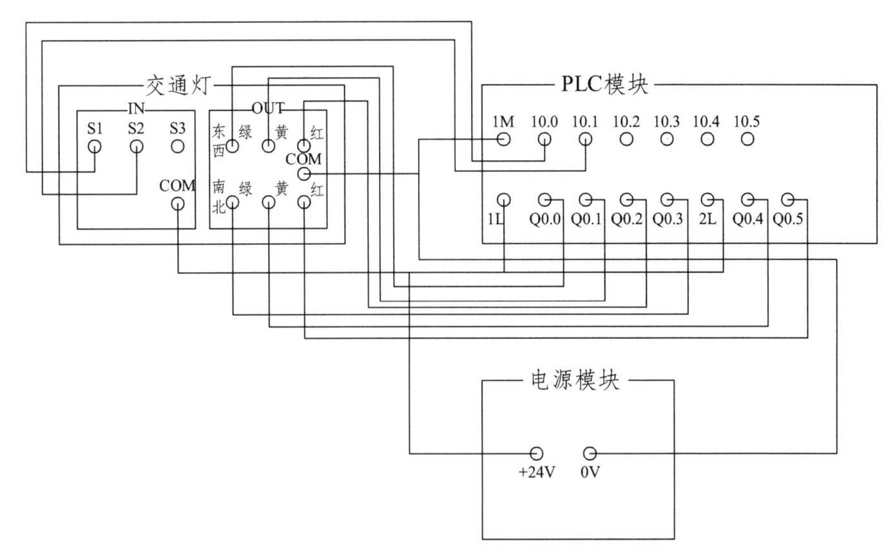

图 3-18　交通灯实物接线图

7. 程序编写

本项目程序图如图 3-19 所示。

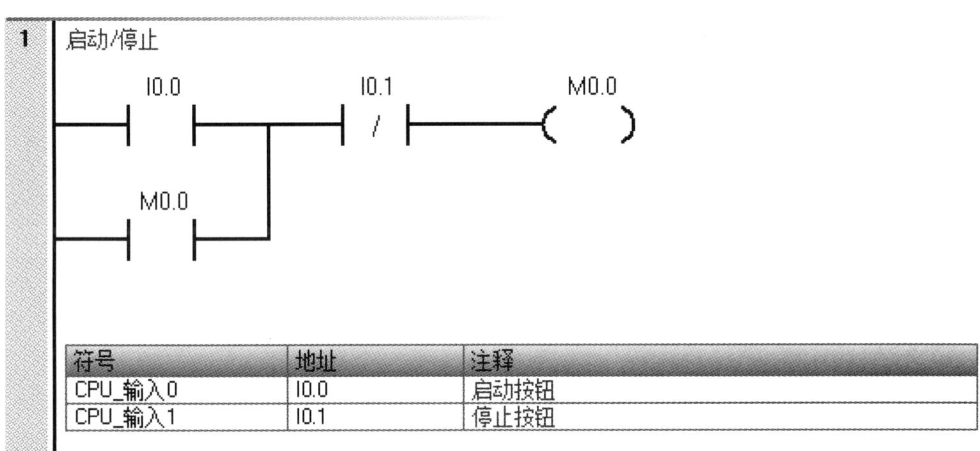

符号	地址	注释
CPU_输入0	I0.0	启动按钮
CPU_输入1	I0.1	停止按钮

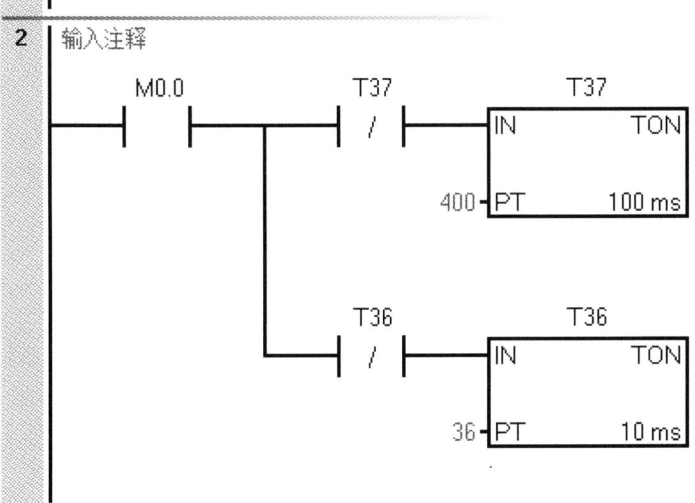

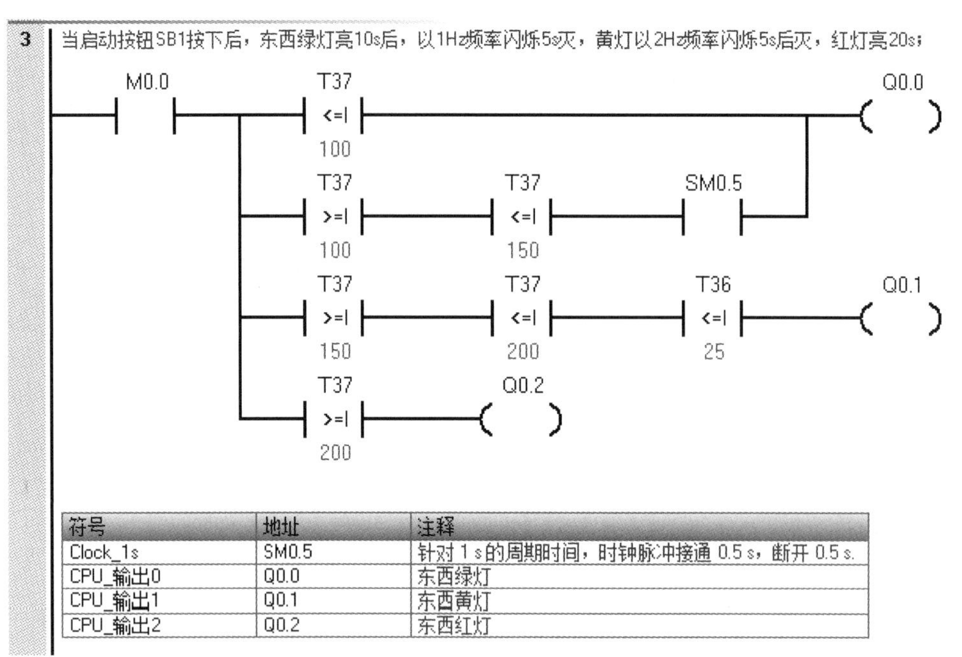

符号	地址	注释
Clock_1s	SM0.5	针对 1 s的周期时间，时钟脉冲接通 0.5 s，断开 0.5 s.
CPU_输出0	Q0.0	东西绿灯
CPU_输出1	Q0.1	东西黄灯
CPU_输出2	Q0.2	东西红灯

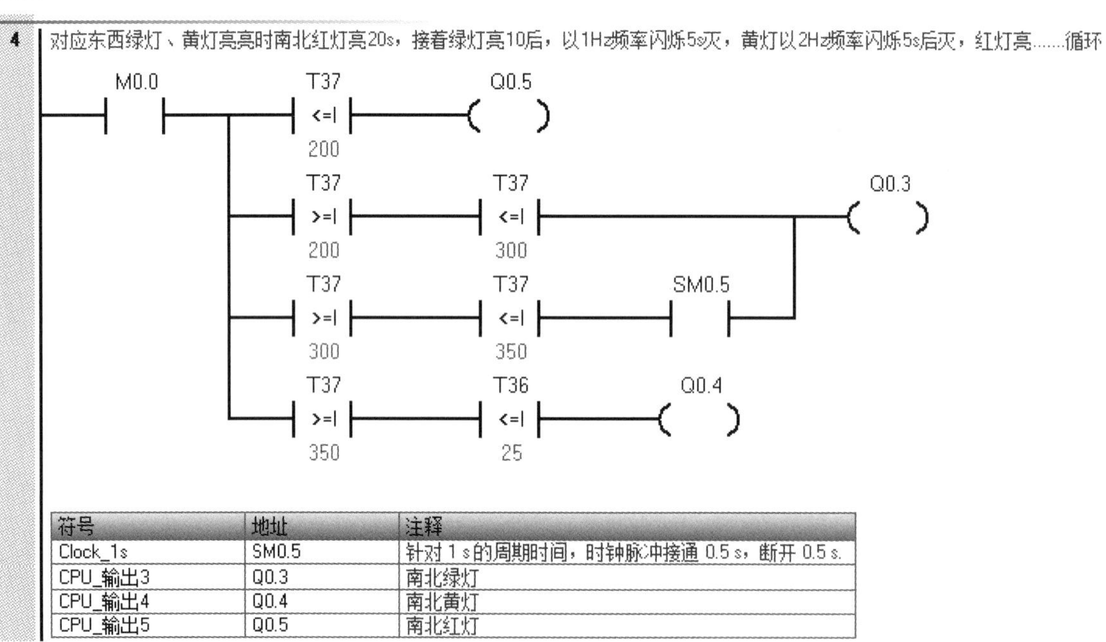

符号	地址	注释
Clock_1s	SM0.5	针对 1 s的周期时间，时钟脉冲接通 0.5 s，断开 0.5 s.
CPU_输出3	Q0.3	南北绿灯
CPU_输出4	Q0.4	南北黄灯
CPU_输出5	Q0.5	南北红灯

图 3-19　交通灯程序图

8. 知识拓展

1）比较指令

在 SIEMENS S7-200 的编程软件 STEP-7 中，有专门的比较指令：IN1 与 IN2 比较，比较的数据类型可以是 B、I（W）、D、R，即字节、字整数、双字整数和实数；还可以有其他的比较式：>、<、≥、≤、<>等。当满足比较等式，则该触点闭合。比较指令应用如图 3-20 所示。

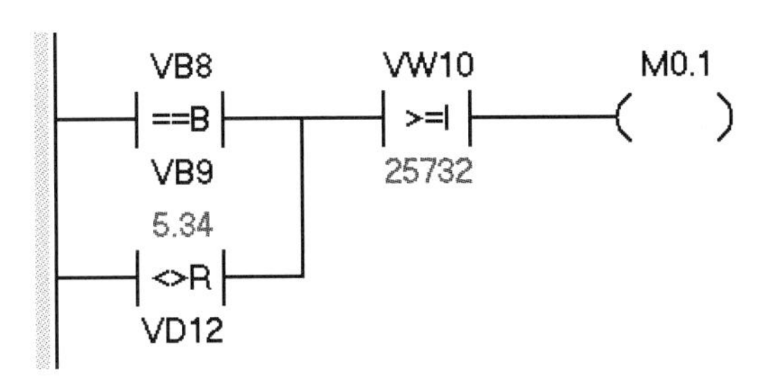

图 3-20　比较指令

2）数据类型

（1）位。

位（bit）的数据类型为布尔（Bool）型，Bool 变量值为 2#1 和 2#0。BOOL 变量的地址又由字节地址和位地址组成。

（2）字节。

一个字节（Byte）由 8 个位数据组成，例如 IB0 由 I0.0 ~ I0.7 这 8 位组成，I0.0 为最低位，I0.7 为最高位。

（3）字和双字。

相邻两个字节组成一个字（Word），相邻两个字组成一个双字（Doubleword）。字和双字都是用十六进制表示的无符号数。如图 3-21 所示，VW100 由 VB100 和 VB101 组成，字的取值范围 16#0000 ~ 16#FFFF，双字取值 16#0000 0000 ~ 16#FFFF FFFF。字节、字、双字应用如图 3-21 所示。

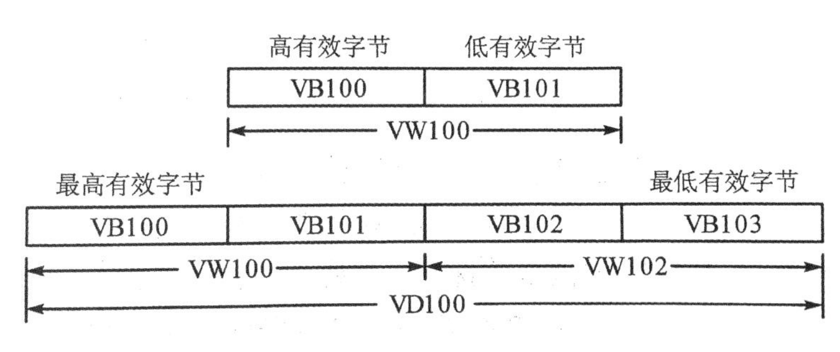

图 3-21　字节、字、双字

（4）16 位整数和 32 位双整数。

16 位整数以及 32 位双整数为有符号数。整数取值范围为-32 768 ~ 32 767、双整数取值范围-2 147 483 648 ~ 2 147 483 647。

（5）32 位浮点数。

浮点数（REAL）又称为实数，最高位（第 32 位）为符号位，符号位为 0 时为正数，为 1 时为负数。浮点数的优点是用很小的存储空间表示非常大和非常小的数。编程软件中一般用十进制小数来输入或表示浮点数，20 是整数，而 20.0 是浮点数。

（6）ASCⅡ码字符。

ASCⅡ码字符是用 7 位二进制来表示所有的英语大小写字母、数字 0 ~ 9、标点符号及特殊字符。

（7）字符串。

字符串数据类型为 STRING，由若干个 ASCⅡ码组成。

9. 操作注意

（1）先将 PLC 主机上的电源开关拨到关状态，严格按图 3-18 所示接线，注意 12 V 和 24 V 电源的正负不要短接，电路不要短路，否则会损坏 PLC 触点。

（2）将电源线插进 PLC 主机表面的电源孔中，再将另一端插到 220 V 电源插板。

（3）将 PLC 主机上的电源开关拨到开状态，并且必须将 PLC 串口置于 STOP 状态，然后通过计算机或编程器将程序下载到 PLC 中，下载完后，再将 PLC 的串口置于 RUN 状态。

（4）实训操作按工作方式操作。

10. 思考题

1）交通灯控制要求

该单元设有启动和停止开关 S1、S2，用以控制系统的“启动”与“停止”，以及东西方向强行通过信号开关 S3。

2）交通灯显示方式

（1）工作过程。

当启动开关 S1 合上后，东西绿灯亮 10 s 后，以 1 Hz 频率闪烁 5 s 灭，黄灯亮 5 s 后灭，红灯亮 20 s，以此循环。对应东西绿灯、黄灯亮时南北红灯亮 20 s，接着绿灯亮 10 s 后，以 1 Hz 频率闪烁 5 s 灭，黄灯亮 5 s 后灭，红灯亮，以此循环。在此过程中，如果东西方向有强行通车信号来到，则东西方向绿灯亮，南北方向红灯亮。东西强行通车信号消失后，东西方向黄灯亮 5 s 后灭，红灯亮 30 s，然后绿灯亮……系统进入正常运行状态，当南北绿灯亮时，利用数码管显示接通时间。

（2）停止过程。

当按下停止开关 S2 时，所有的交通灯熄灭。

3.4 铁塔之光

1. 目的

（1）熟悉功能指令的使用。

（2）理解七段译码器的工作原理。

（3）进一步掌握 I/O 的分配与连接方法。

（4）掌握编程器的操作以及编程器的下载、上载、检查和运行操作。

2. 设备

（1）PLC-主机单元一台。

（2）铁塔之光单元模块（图 3-22）一块。

（3）编程器或计算机一台。

（4）安全连线若干条。

（5）网线一根。

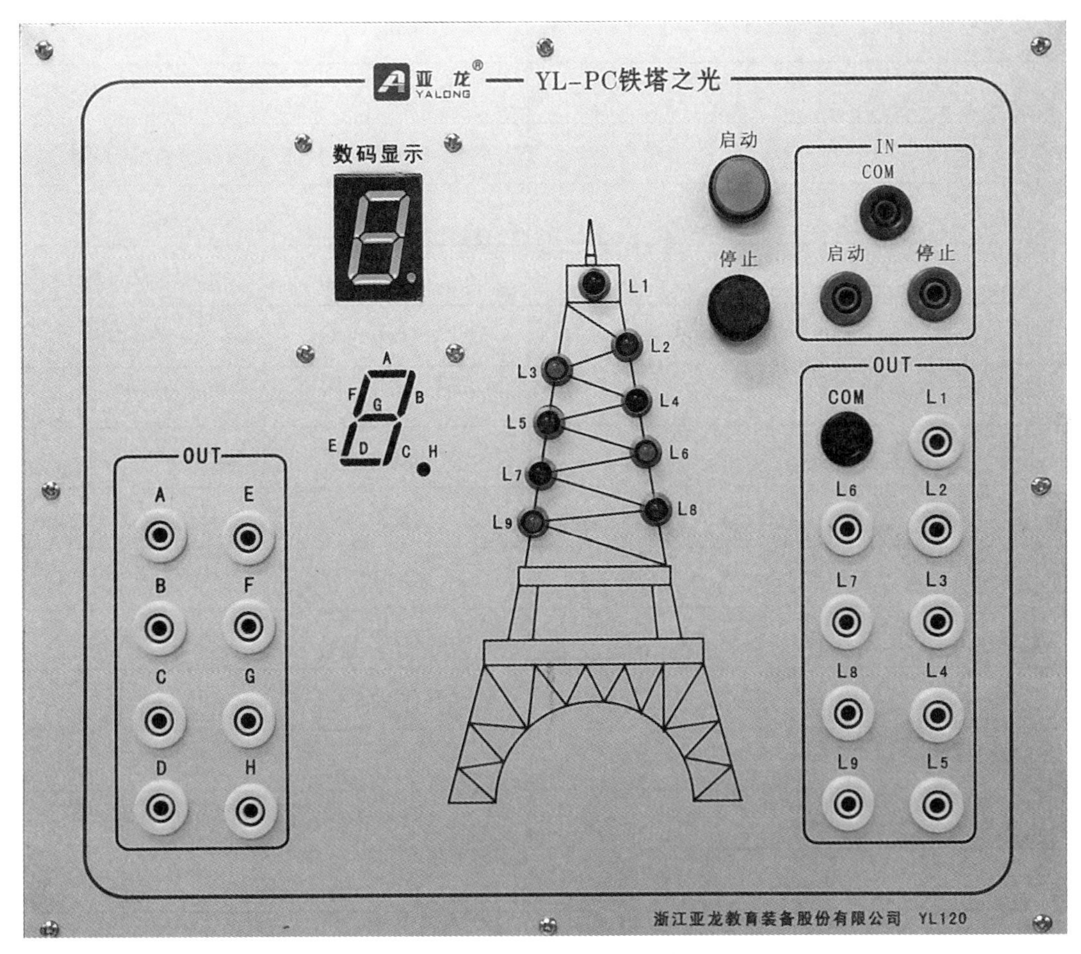

图 3-22 铁塔之光单元模块图

3. 例题

铁塔之光的控制要求：

（1）按下启动按钮 SB1，彩灯 L1 亮，1 s 后熄灭，彩灯 L2 亮，1 s 后熄灭，彩灯 L3 亮，1 s 后熄灭……彩灯 L8 亮，1 s 后熄灭，彩灯 L1 亮，1 s 后熄灭，一直循环。直到按下停止按钮 SB2，所有彩灯熄灭。

（2）利用七段数码管，显示系统运行时间。

4. I/O 分配表

铁塔之光的 I/O 分配表如表 3-6 所示。

表 3-6　铁塔之光 I/O 分配表

输入		输出	
I0.0	开关 S	Q0.0	彩灯 L1
		Q0.1	彩灯 L2
		Q0.2	彩灯 L3
		Q0.3	彩灯 L4
		Q0.4	彩灯 L5
		Q0.5	彩灯 L6
		Q0.6	彩灯 L7
		Q0.7	彩灯 L8
		Q1.0	彩灯 L9
		Q1.1	七段译码管 A
		Q1.2	七段译码管 B
		Q1.3	七段译码管 C
		Q1.4	七段译码管 D
		Q1.5	七段译码管 E
		Q1.6	七段译码管 F
		Q1.7	七段译码管 G

5. I/O 接线图

本项目 I/O 接线图如图 3-23 所示。

6. 实物接线图

本项目实物接线图如图 3-24 所示。

7. 程序编写

本项目程序图如图 3-25 所示。

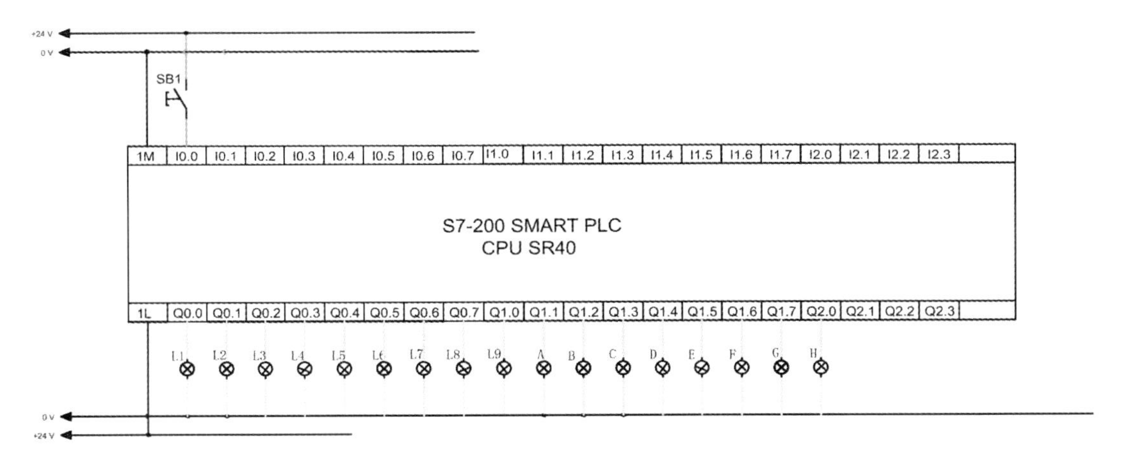

图 3-23　铁塔之光 I/O 接线图

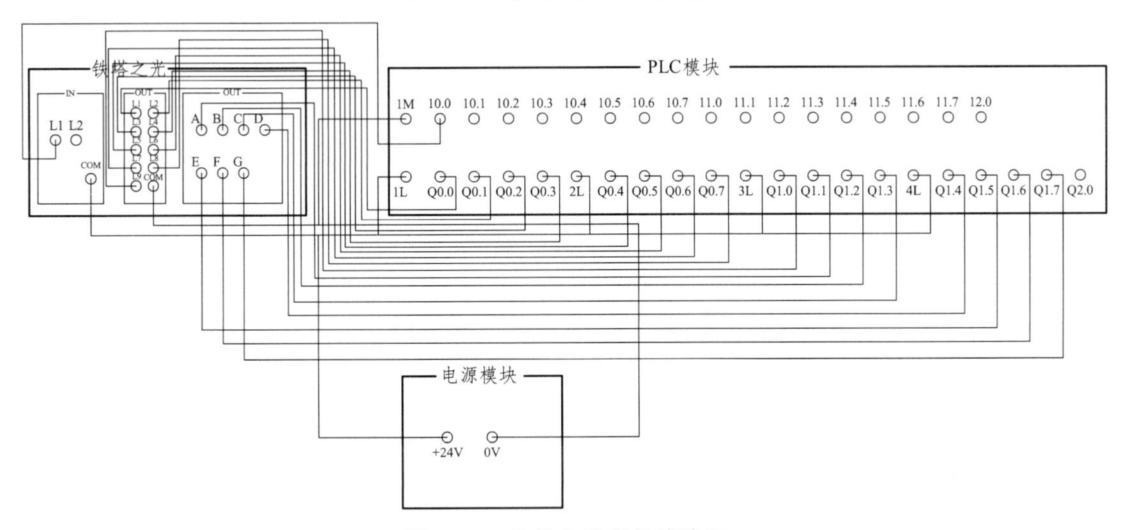

图 3-24　铁塔之光实物接线图

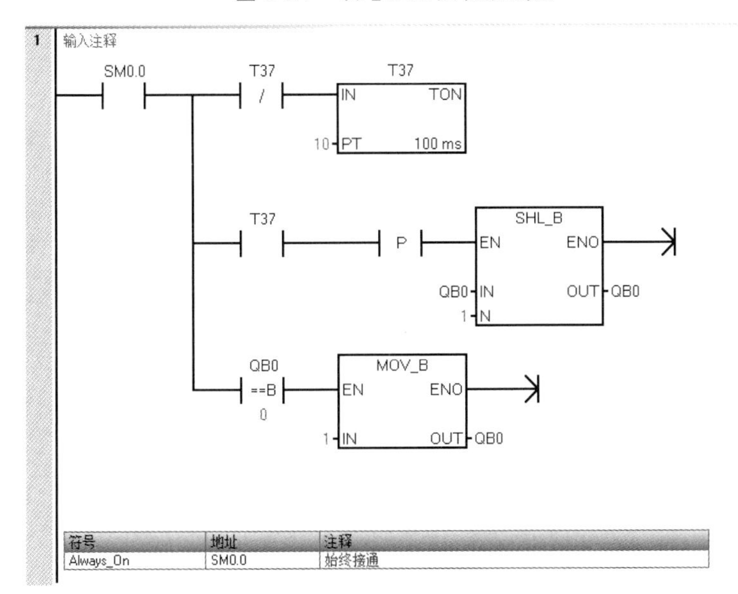

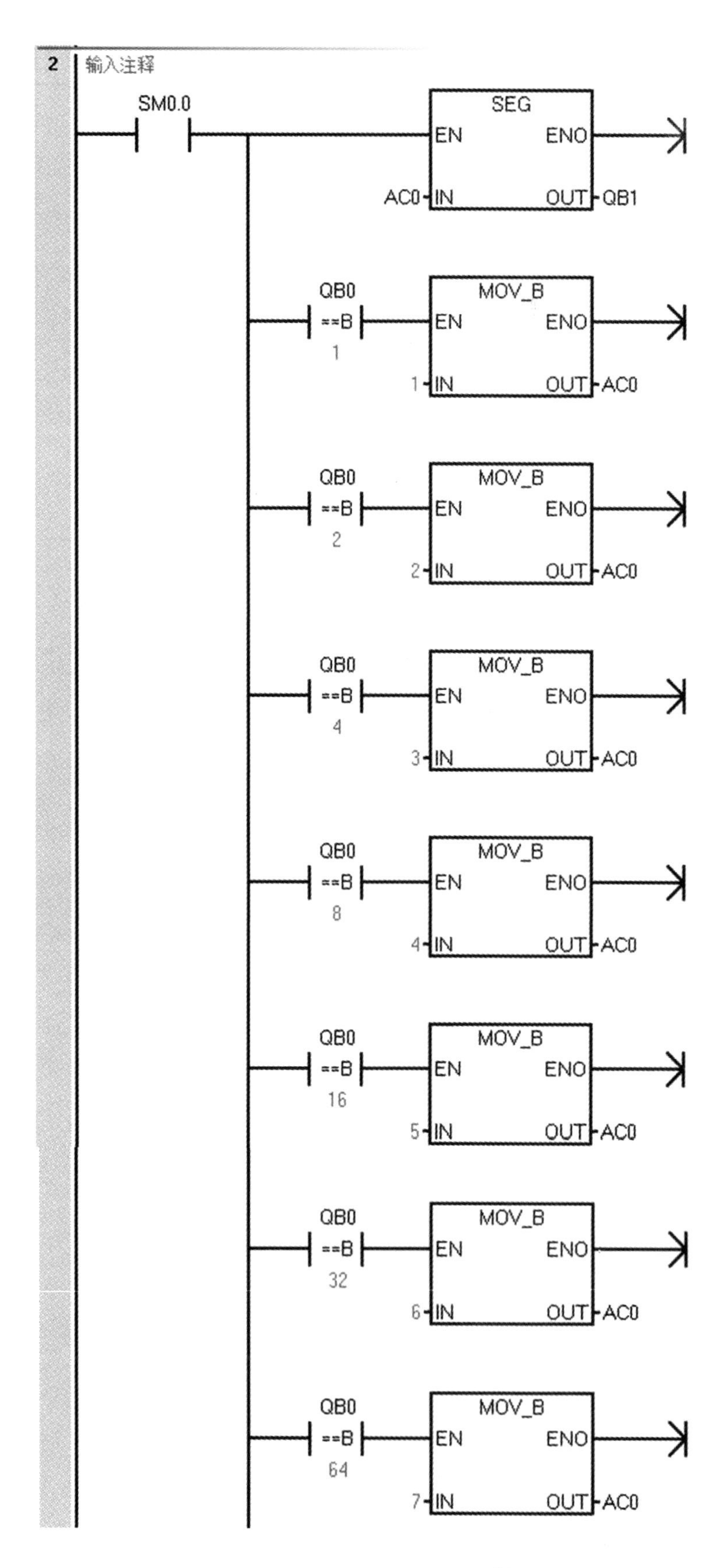
2
输入注释
SM0.0
SEG
EN
ENO
AC0
IN
OUT
QB1
QB0
==B
1
MOV_B
EN
ENO
1
IN
OUT
AC0
QB0
==B
2
MOV_B
2
AC0
QB0
==B
4
MOV_B
3
AC0
QB0
==B
8
MOV_B
4
AC0
QB0
==B
16
MOV_B
5
AC0
QB0
==B
32
MOV_B
6
AC0
QB0
==B
64
MOV_B
7
AC0

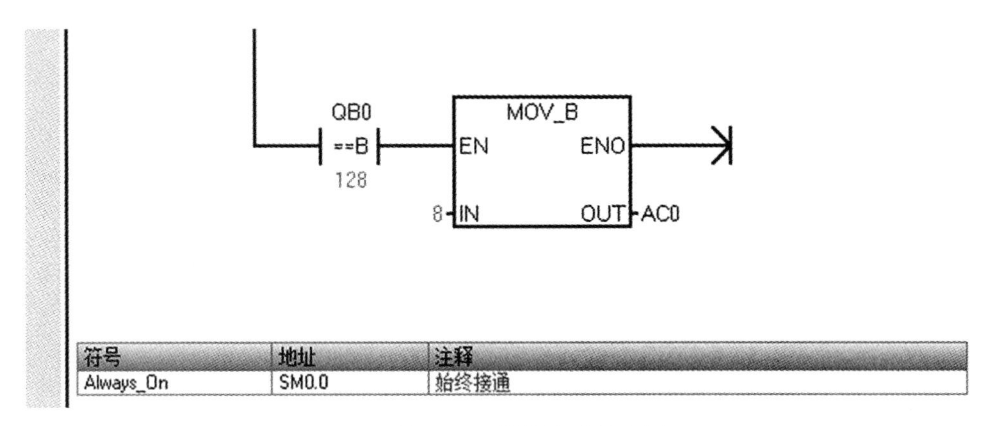

图 3-25　铁塔之光程序图

8. 知识拓展

1）move 指令

将源输入数据 IN 传送到输出参数 OUT 指定的目的位置，如图 3-26 所示。

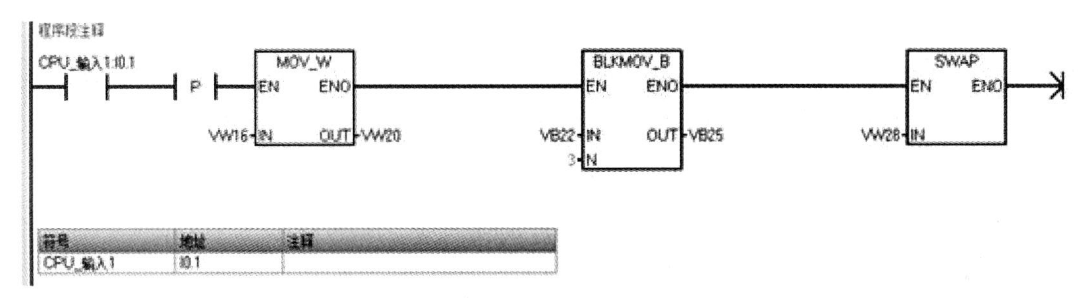

图 3-26　MOVE 指令应用

2）移位与循环移位指令

将源输入数据 IN 传送到输出参数 OUT 指定的目的位置。如图 3-27 所示。

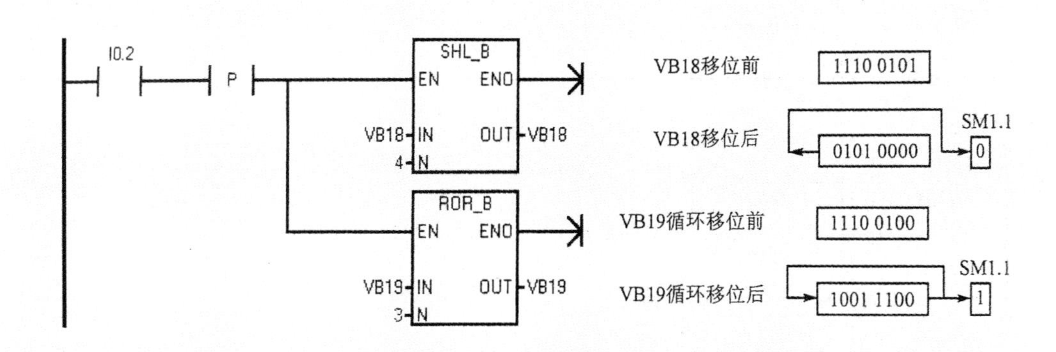

图 3-27　移位与循环移位指令

3）SEG 段码指令以及数码管的显示

段（Segment）码指令 SEG 根据输入字节 IN 的低 4 位对应的十六进制数（16#0 ~ F），产生点亮 7 段显示器各段的代码，并送到输出字节 OUT，梯形图见图 3-28。

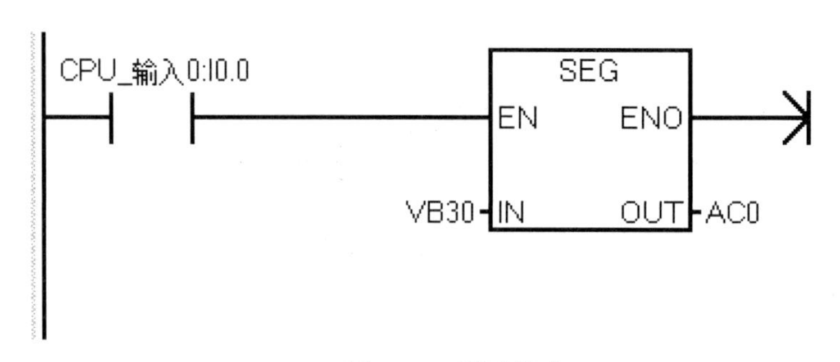

图 3-28　段码指令

IN 的寻址范围：VB、IB、QB、MB、SB、SMB、LB、AC、*VD、* AC、*LD 和常量。

OUT 的寻址范围：VB、IB、QB、MB、SMB、LB、SB、AC、*VD、*AC 和*LD。

指令格式：SEG　IN，OUT

SEG 使能流输出 ENO 断开的出错条件：0006（间接寻址）；SM4.3（运行时间）。

表 3-7 给出了段码指令使用的七段码显示器的编码，每个七段码显示器占有一字节，用它表示一个字符。段码指令的应用举例如图 3-29 所示。

表 3-7　七段码显示器编码

输入 LSD	七段码显示器	输出-gfedcba	输入 LSD	七段码显示器	输出-gfedcba
0	0	0 0 1 1 1 1 1 1	8	8	0 1 1 1 1 1 1 1
1	1	0 0 0 0 0 1 1 0	9	9	0 1 1 0 0 1 1 1
2	2	0 1 0 1 1 0 1 1	10	a	0 1 1 1 0 1 1 1
3	3	0 1 0 0 1 1 1 1	11	b	0 1 1 1 1 1 0 0
4	4	0 1 1 0 0 1 1 0	12	c	0 0 1 1 1 0 0 1
5	5	0 1 1 0 1 1 0 1	13	d	0 1 0 1 1 1 1 0
6	6	0 1 1 1 1 1 0 1	14	e	0 1 1 1 1 0 0 1
7	7	0 0 0 0 0 1 1 1	15	f	0 1 1 1 0 0 0 1

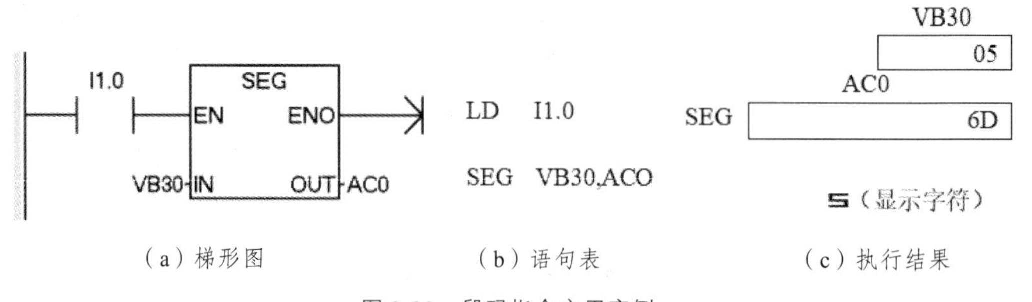

图 3-29　段码指令应用实例

9. 操作注意

（1）先将 PLC 主机上的电源开关拨到关状态，严格按图 3-24 所示接线，注意 12 V 和 24 V

电源的正负不要短接，电路不要短路，否则会损坏 PLC 触点。

（2）将电源线插进 PLC 主机表面的电源孔中，再将另一端插到 220 V 电源插板。

（3）将 PLC 主机上的电源开关拨到开状态，并且必须将 PLC 串口置于 STOP 状态，然后通过计算机或编程器将程序下载到 PLC 中，下载完后，再将 PLC 的串口置于 RUN 状态。

（4）实训操作按工作方式操作。

10. 思考

1）控制要求

（1）按下启动按钮 SB1，系统运行后，首先 L1、L2、L3、L4、L5、L6、L7、L8 全部亮，接着隔 1 s 后，L1 熄灭；L2、L3、L4、L5、L6、L7、L8 亮，再隔 1 s 后，L2 熄灭，L1、L3、L4、L5、L6、L7、L8 亮，如此循环。

（2）按下停止按钮 SB2 后，所有灯光熄灭。

（3）数码管显示熄灭灯的数字。

2）控制要求

（1）闭合开关 S，系统运行后，首先 L3、L5、L7 亮 1 s 后灭，接着 L2、L4、L6、L9 亮 1 s 灭，再接着 L3、L5、L7 亮 1 s 后灭亮，如此循环下去。

（2）每按下按钮 SB1 一次灯光亮的时间增加 1 s（最多加至 5 s），每按下 SB2 一次，光灯的时间减少 1 s（最少减至 1 s）。

（3）断开开关 S，所有灯光熄灭。

（4）利用数码管显示灯亮间隔时间。

3.5 拨码开关的使用

1. 目的

了解拨码开关以及七段数码管的工作原理。

2. 设备

（1）PLC-主机单元一台。

（2）七段数码管与拨码开关单元（图 3-37）一台。

（3）计算机或编程器一台。

（4）安全连线若干条。

（5）网线一根。

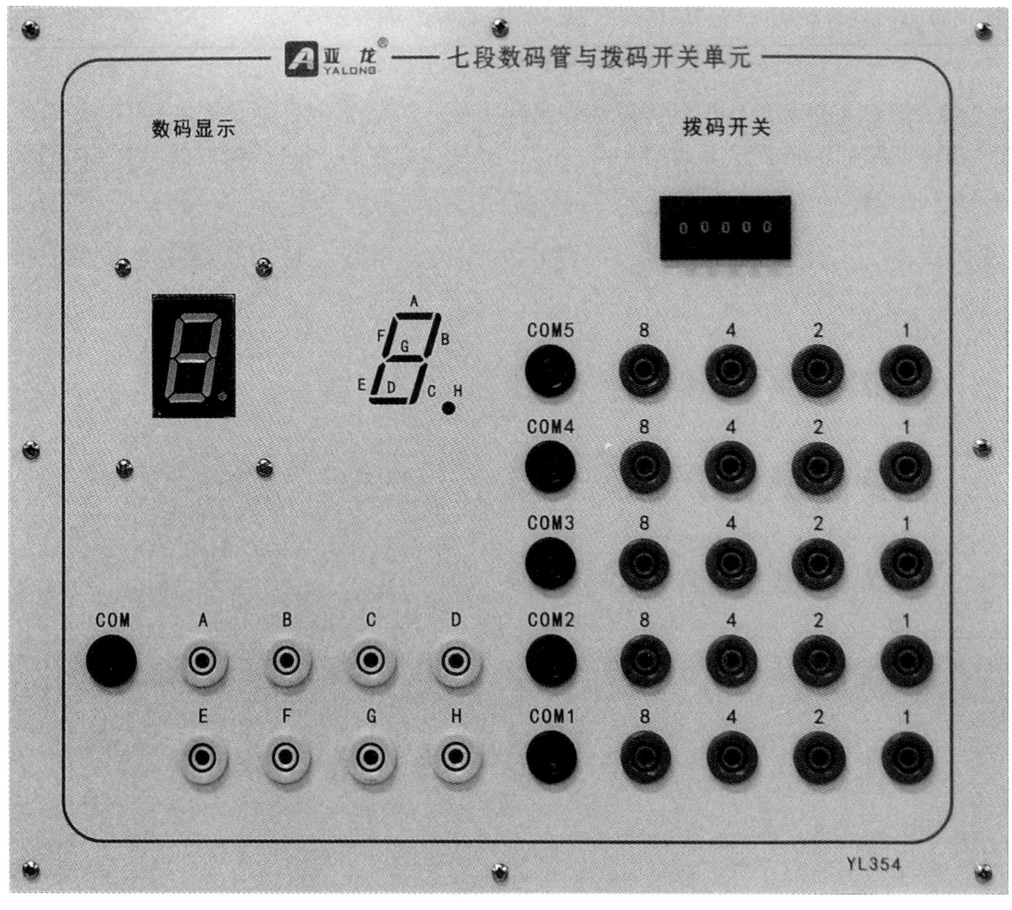

图 3-30　七段数码管与拨码开关单元图

3. 例题

七段数码管拨码开关的工作方式：
通过手动按下拨码开关使相应数字发生变化，变化所产生的数字即为数码管所显示的数字。

4. I/O 分配表

拨码开关数码显示单元 I/O 分配表如表 3-10 所示。

表 3-10　七段数码管拨码开关 I/O 分配表

输入		输出	
I0.4	1	Q0.1	A
I0.5	2	Q0.2	B
I0.6	3	Q0.3	C
I0.7	4	Q0.4	D
		Q0.5	E
		Q0.6	F
		Q0.7	G

5. I/O 接线图

本项目 I/O 接线图如图 3-31 所示。

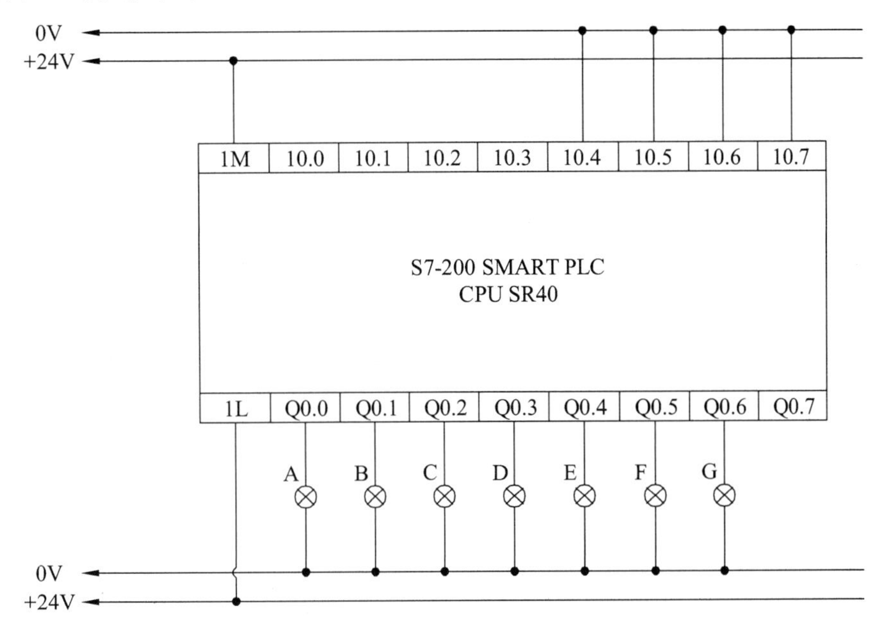

图 3-31　七段数码管拨码开关 I/O 接线图

6. 实物接线图

本项目实物接线图如图 3-32 所示。

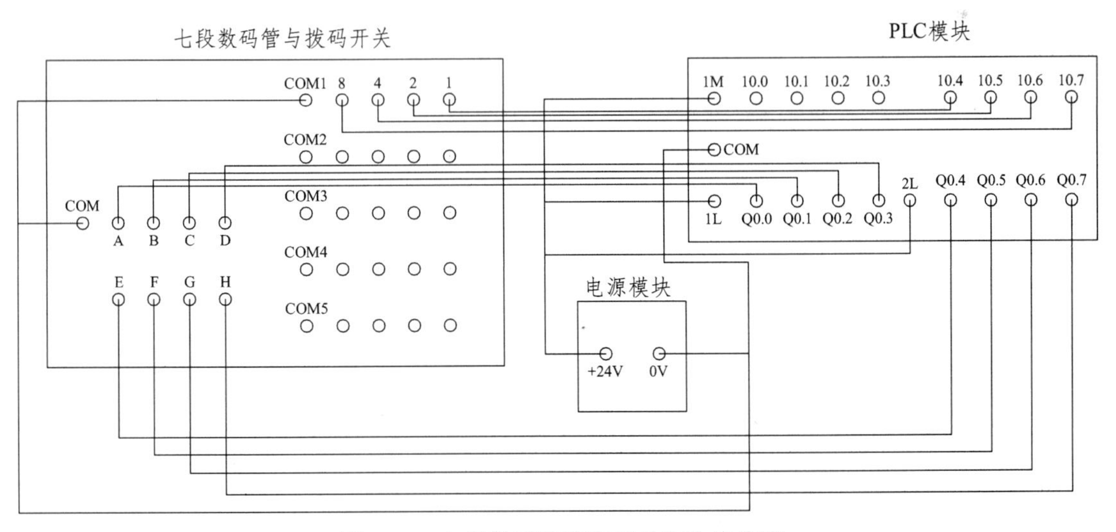

图 3-32　七段数码管拨码开关实物接线图

7. 程序编写

本项目程序图如图 3-33 所示。

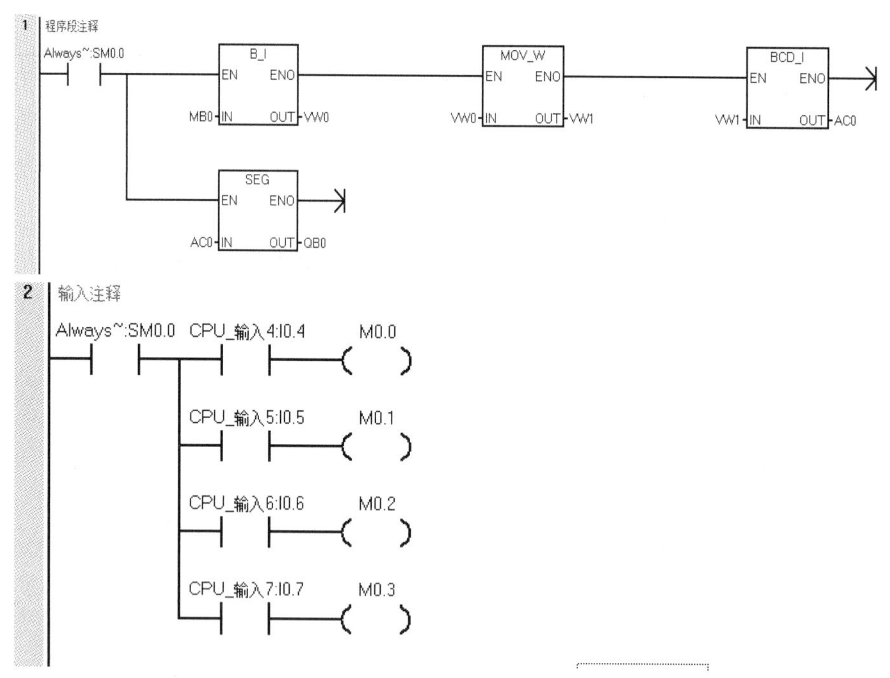

图 3-33 七段数码管拨码开关程序图

8. 知识拓展

1）拨码开关以及 BCD 编码

BCD 码：表示十进制数的二进制代码称为二-十进制代码（Binary Coded Decimal），简称为 BCD 码。BCD 码是各位按二进制编码的十进制数，每位十进制数用 4 位二进制来表示。常见 8421 BCD 码：一种使用最广的有权 BCD 码，其各位的权分别是（从最有效高位到最低有效位）8，4，2，1。以 BCD 码 1001 0110 0111 0101 为例，对应的十进制数为 9675，最高位为二进制数 1001 表示 9000。

拨码开关：一款能用手拨动的微型的开关，所以也通常叫指拨开关。每一个键对应的背面上下各有两个引脚，拨至 ON 一侧，这下面两个引脚接通；反之则断开。这四个键是独立的，相互没有关联。此类元件多用于二进制编码。可以设接通为 1；断开为 0，则有：0000，0001，0010，…，1110，1111 一共是 16 种编码。

2）与、或和异或（如表 3-11）

表 3-11 与、或和异或表

LAD/FBD	STL	说明
WAND_B（EN ENO；IN1 OUT；IN2） WAND-W WAND-DW	ANDB IN1，OUT ANDW IN1，OUT ANDD IN1，OUT	字节与、字与和双字与指令对两个输入值 IN1 和 IN2 的相应位执行逻辑与运算，并将计算结果装载到分配给 OUT 的存储单元中。 ● LAD 和 FBD：IN1 AND IN2 = OUT ● STL：IN1 AND OUT = OUT

续表

<table>
<tr><th colspan="2">LAD/FBD</th><th>STL</th><th>说明</th></tr>
<tr><td colspan="2">WOR_B
EN OUT
IN1 ENO
IN2
WOR-W
WOR-DW</td><td>ORB IN1，OUT
ORW IN1，OUT
ORD IN1，OUT</td><td>字节或、字或和双字或指令对两个输入值 IN1 和 IN2 的相应位执行逻辑或运算，将计算结果装载到分配给 OUT 的存储单元中。
● LAD 和 FBD：IN1 OR IN2 = OUT
● STL：IN1 OR OUT = OUT</td></tr>
<tr><td colspan="2">WXOR_B
EN OUT
IN1 ENO
IN2
WXOR-W
WXOR-DW</td><td>XORB IN1，OUT
XORW IN1，OUT
XORD IN1，OUT</td><td>字节异或、字异或和双字异或指令对两个输入值 IN1 和 IN2 的相应位执行逻辑异或运算，将计算结果装载到存储单元 OUT 中。
● LAD 和 FBD：IN1 XOR IN2 = OUT
● STL：IN1 XOR OUT = OUT</td></tr>
<tr><td colspan="2">ENO=0 时的非致命错误</td><td colspan="2">受影响的 SM 位</td></tr>
<tr><td colspan="2">0006H 间接寻址</td><td colspan="2">SM1.0 运算结果=零</td></tr>
<tr><td>输入/输出</td><td>数据类型</td><td colspan="2">操作数</td></tr>
<tr><td rowspan="3">IN1，IN2</td><td>BYTE</td><td colspan="2">IBQB，VB，MB，SMB，SB，LB，AC，*VD，*LD，*AC，Constant</td></tr>
<tr><td>WORD</td><td colspan="2">IW，QW，VW，MW，SMW，SW，T，C，LW，AC，AIW，*VD，*LD，*AC，Constant</td></tr>
<tr><td>DWORD</td><td colspan="2">ID，QD，VD，MD，SMD，SD，LD，AC，HC，*VD，*LD，*AC，Constant</td></tr>
<tr><td rowspan="2">OUT</td><td>BYTE</td><td colspan="2">IB，QB，VB，MB，SMB，SB，LB，AC，*VD，*AC，*LD</td></tr>
<tr><td>WORD</td><td colspan="2">IW，QW，VW，MW，SMW，SW，T，C，LW，AC，*VD，*AC，*LD</td></tr>
</table>

梯形图实例与、或和异或指令如图 3-34 所示。

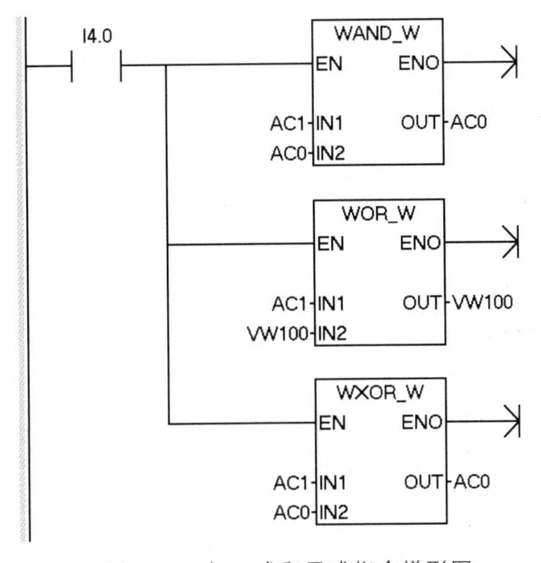

图 3-34 与、或和异或指令梯形图

3）BCD-I、I-BCD 指令（表 3-12）

表 3-12　BCD-I、I-BCD 指令

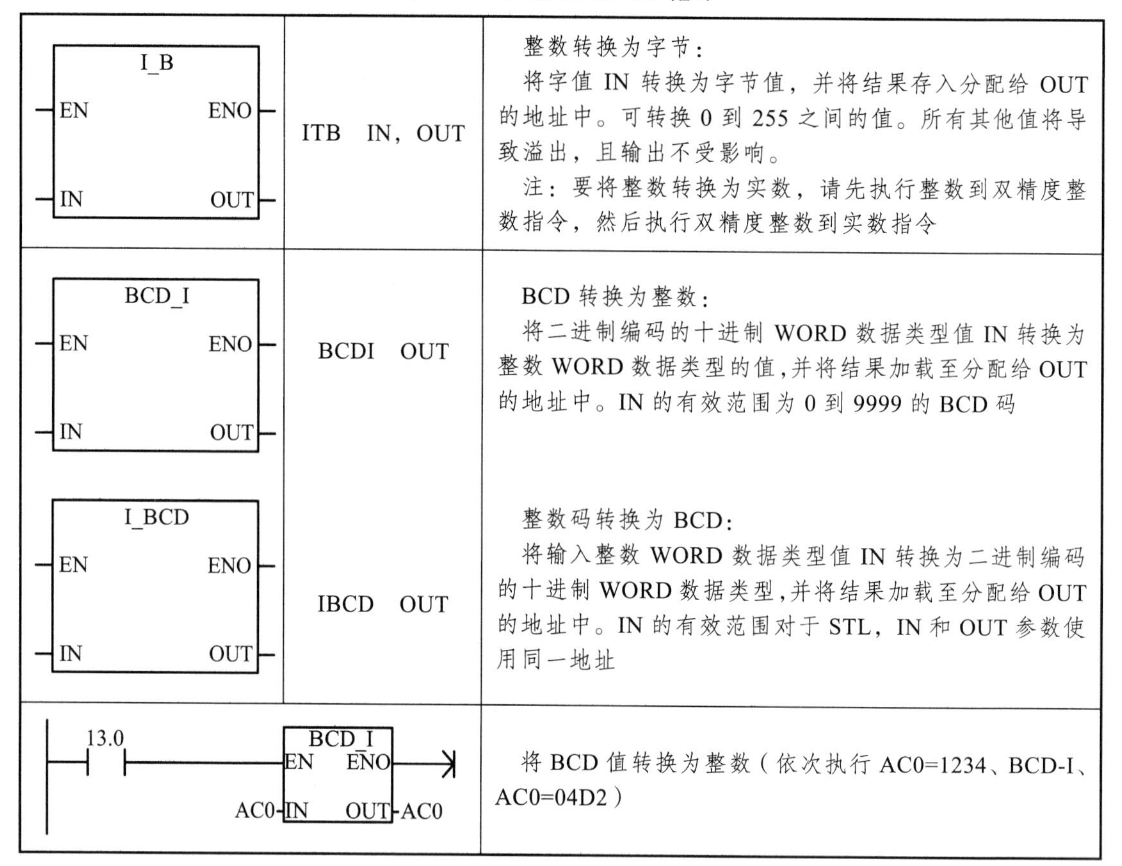

梯形图	语句表	说明
I_B：EN ENO IN OUT	ITB　IN，OUT	整数转换为字节： 将字值 IN 转换为字节值，并将结果存入分配给 OUT 的地址中。可转换 0 到 255 之间的值。所有其他值将导致溢出，且输出不受影响。 注：要将整数转换为实数，请先执行整数到双精度整数指令，然后执行双精度整数到实数指令
BCD_I：EN ENO IN OUT	BCDI　OUT	BCD 转换为整数： 将二进制编码的十进制 WORD 数据类型值 IN 转换为整数 WORD 数据类型的值,并将结果加载至分配给 OUT 的地址中。IN 的有效范围为 0 到 9999 的 BCD 码
I_BCD：EN ENO IN OUT	IBCD　OUT	整数码转换为 BCD： 将输入整数 WORD 数据类型值 IN 转换为二进制编码的十进制 WORD 数据类型,并将结果加载至分配给 OUT 的地址中。IN 的有效范围对于 STL，IN 和 OUT 参数使用同一地址
13.0；BCD_I：EN ENO；AC0-IN OUT-AC0		将 BCD 值转换为整数（依次执行 AC0=1234、BCD-I、AC0=04D2）

4）子程序

设计程序的过程中，常常会遇到功能相同的程序段，这类程序段不但不易于维护，而且还经常出现错误，也使程序变得庞大，为了克服这个缺点，当遇到具有相同功能的程序时，可以将其以子程序的方式进行处理。

通常将具有特定功能且多次使用的程序段作为子程序。所谓的子程序，其实就是一个具有特定功能和逻辑完整性的程序段，它是独立存在的，但是它又只能服务于某个程序。而调用它的是主程序，这种程序既是相互独立的，又是相辅相成的。子程序可以递归调用（自己调用自己），还可以多次被调用，也可以嵌套（最多 8 层）。

子程序的调用是有条件的，未调用它时不会执行子程序中的指令。因此使用子程序可以减少扫描时间，同时可使整个程序功能清晰，易于查错和维护，还能减少存储空间，可以专门实现某项功能，易于开发人员理解和接受，可读性更高，同时利于调试。为了移植子程序，应避免使用全局符号和变量，例如 V 存储区中的绝对地址。

在编程软件的程序数据窗口的下方有主程序、子程序、中断服务程序的标签，点击子程序标签即可进入子程序显示区（图 3-35），也可以通过指令树的项目进入子程序。

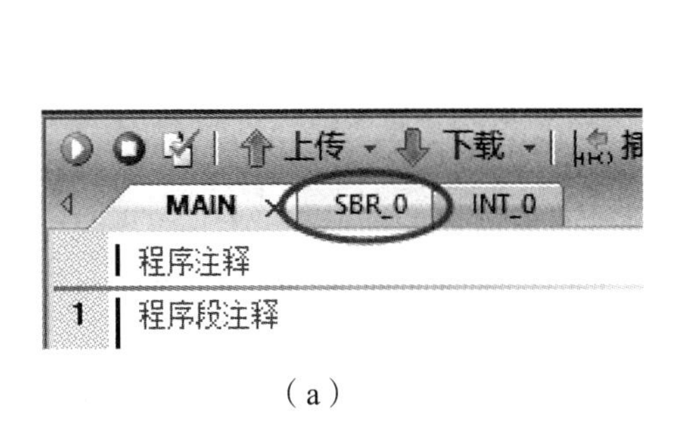

（a）

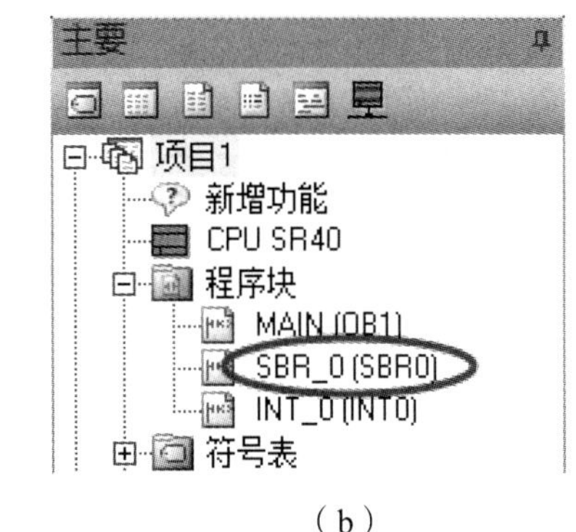

（b）

图 3-35　进入子程序显示区

在局部变量表输入变量名称、变量类型、数据类型等参数以后，双击指令树中的子程序（或选择点击方框快捷按钮，在弹出的菜单中选择子程序项），在梯形图显示区显示出带参数的子程序调用指令盒。

9. 操作注意

（1）先将 PLC 主机上的电源开关拨到关状态，严格按图 3-32 所示接线，注意 12 V 和 24 V 电源的正负不要短接，电路不要短路，否则会损坏 PLC 触点。

（2）将电源线插进 PLC 主机表面的电源孔中，再将另一端插到 220 V 电源插板。

（3）将 PLC 主机的电源置于开状态，并且必须将 PLC 串口置于 STOP 状态，通过计算机或编程器将程序下载到 PLC 中，下载完后，再将 PLC 串口置于 RUN 状态。

10. 思考题

拨码开关及数码显示管控制要求：

（1）初始状态 5 位拨码开关全部置于 0 位，此时数码管应显示 0。

（2）按动拨码开关，拨码开关显示的数即是数码显示管所显示的数字。

3.6　邮件分拣机

1. 目的

（1）了解邮件分拣机的工作原理和演示单元的工作原理。

（2）掌握编程器的操作以及编程器的下载、上载、检查和运行操作。

2. 设备

（1）PLC-主机单元一台。

（2）PLC 邮件分拣机单元（图 3-36）一台。

（3）编程器（或计算机）一台。

（4）安全连线若干条。

（5）PLC 串口通信线一条。

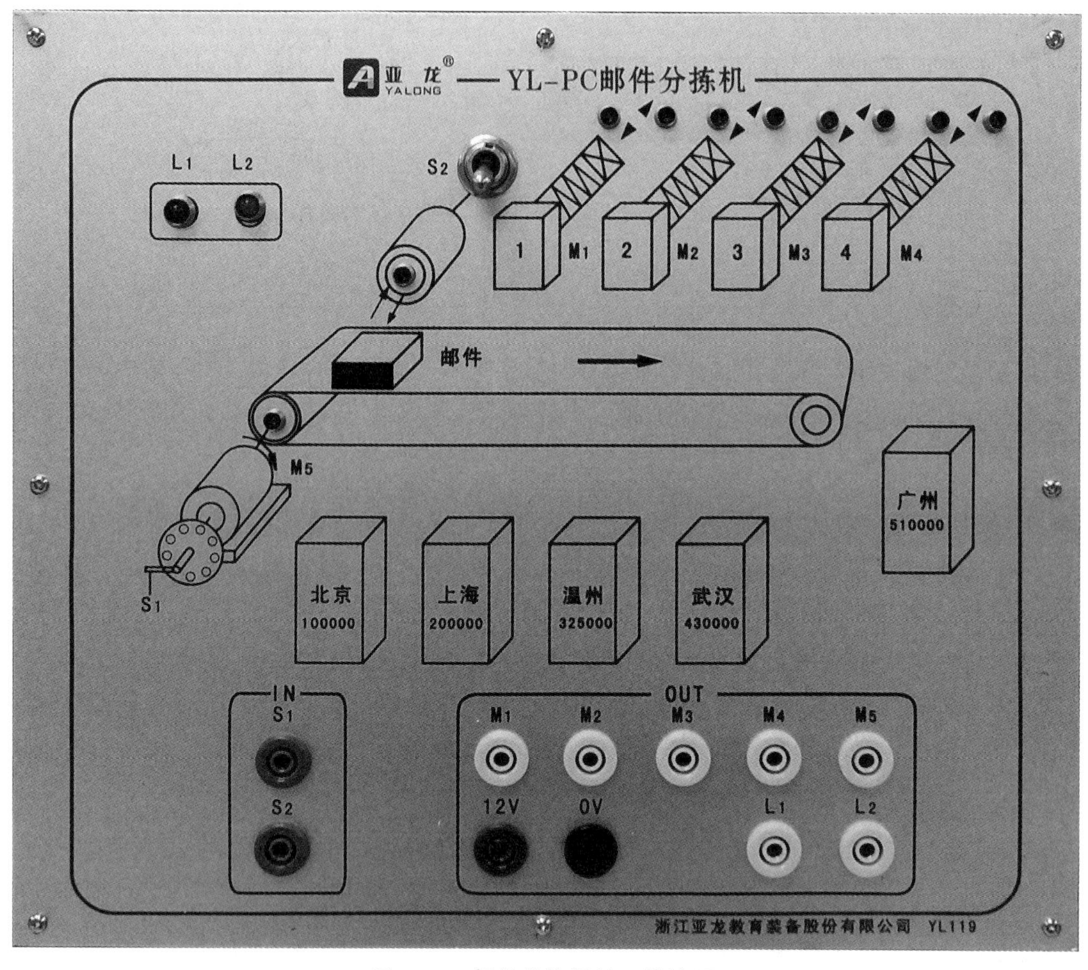

图 3-36 邮件分拣机单元模块图

3. 例题

1）邮件分拣机的工作原理

启动后绿灯 L2 亮、红灯 L1 灭且电机 M5 运行，表示可以进行邮件分拣。开关 S2 为 ON 表示检测到了邮件，用拨码开关模拟邮件的邮编号码(1.0 ~ 1.3 为拨码开关，对应的为 1、2、4、8，从拨码开关读到的邮码的正常值为 1、2、3、4、5。若非此 5 个数，则红灯 L1 闪烁，表示出错，电机 M5 停止。重新启动后，可再运行。若是此 5 个数中的任一个，则红灯亮绿灯灭，电机 M5 运行，PLC 采集电机光码器 S1 的脉冲数（从邮件读码器到相应的分拣箱的距离已折合成脉冲数），邮件到达分拣箱时，推进器将邮件推进邮箱。随后红灯灭绿灯亮，可继续分拣。

2）PLC 邮件分拣机演示单元的工作原理

L1、L2 分别为红、绿指示灯，S2 开关为模拟读码器，M1 ~ M4 为模拟推进器，其上面的指示灯为等待，下面的指示灯为工作。电路原理图如图 3-37 所示，当开关断开时 LED（上）亮，LED（下）灭；当开关闭合时 LED（上）灭，LED（下）亮。

M5 模拟传送带的驱动电机，S1 模拟光码器，其脉冲电路如图 3-37 所示，当 a 端接入电源后，NE555 开始振荡，脉冲信号经 S1 端可供 PLC 输入端采集。

邮件分拣控制系统演示单元的工作原理图如图 3-37 所示。

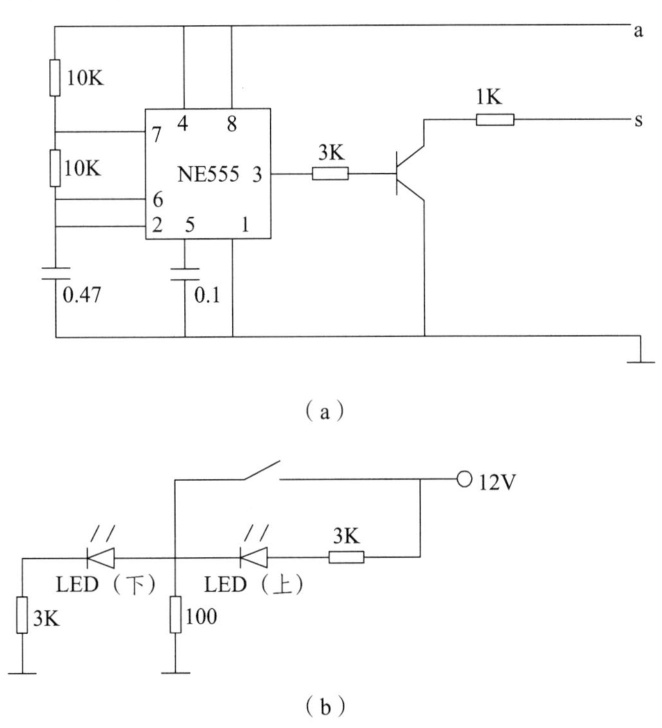

图 3-37　邮件分拣控制系统演示单元的工作原理图

4. I/O 分配表

邮件分拣控制系统的 I/O 分配表如表 3-13 所示。

表 3-13　邮件分拣 I/O 分配表

输入		输出	
I0.0	模拟光码器 S1	Q0.1	模拟推进器 M1
I0.1	启动	Q0.2	模拟推进器 M2
I0.2	模拟读码器 S2	Q0.3	模拟推进器 M3
		Q0.4	模拟推进器 M4
		Q0.5	驱动电机 M5
		Q0.6	红灯 L1
		Q0.7	绿灯 L2

5. I/O 接线图

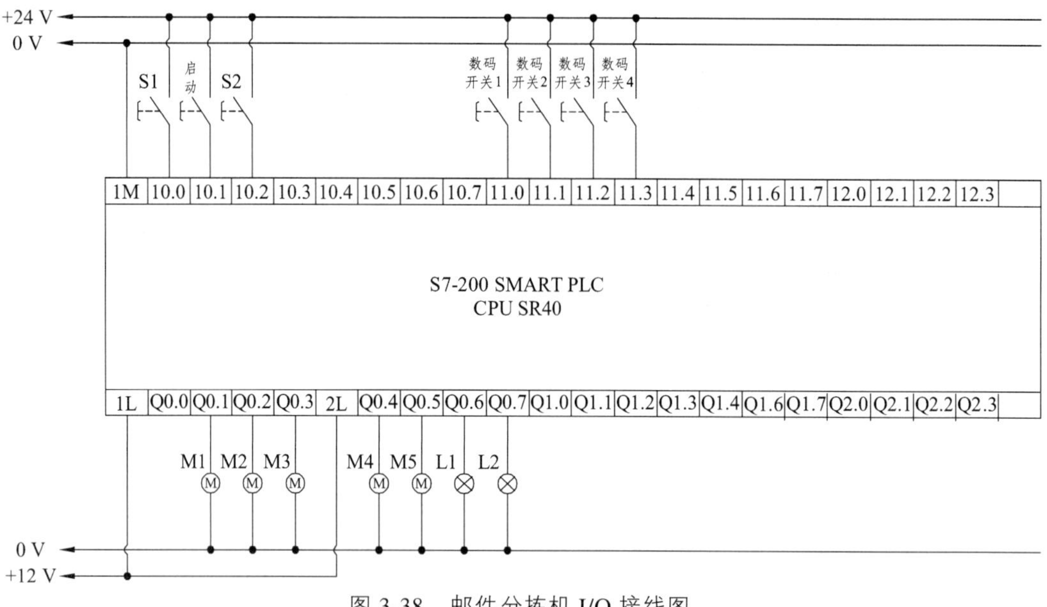

图 3-38　邮件分拣机 I/O 接线图

6. 实物接线图

本项目实物接线图如图 3-39 所示。

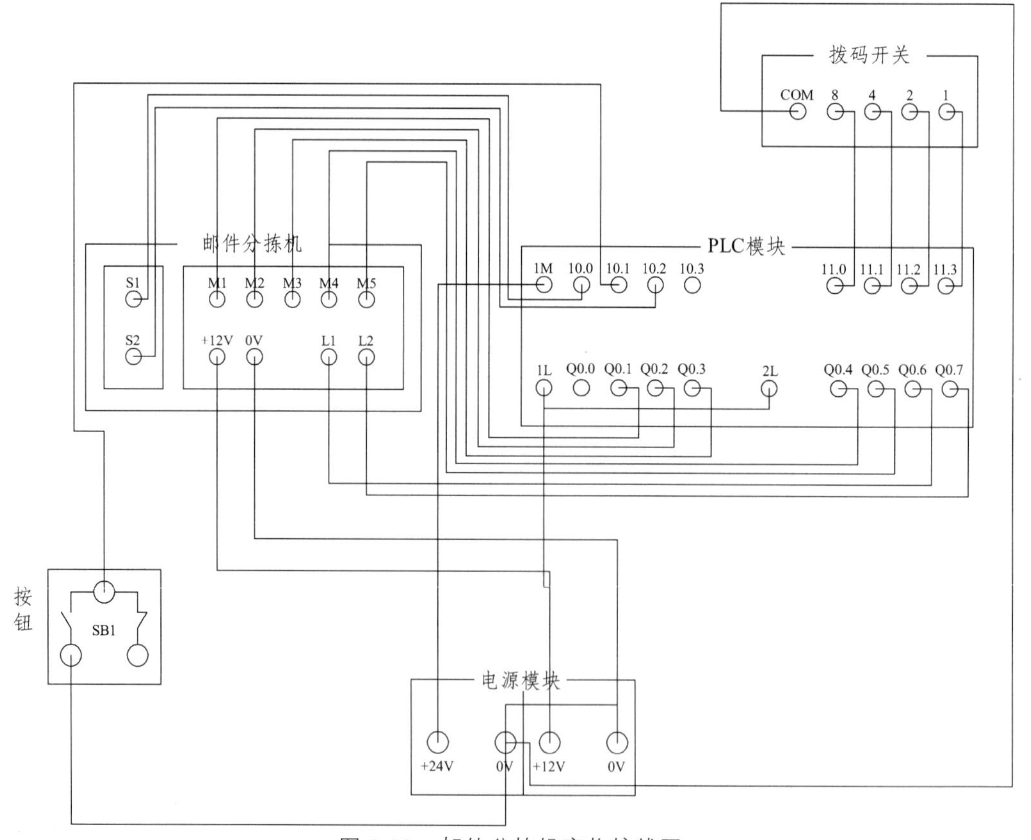

图 3-39　邮件分拣机实物接线图

7. 知识扩展

随着生产力的发展和自动化水平的提高，在越来越多的控制过程中需要对高速脉冲信号进行处理，而普通的计数方式远远不能满足要求。如：PLC 中计数器的最短计数周期为程序的扫描周期，随着系统程序增加，则计数周期也将随之增加，这样 PLC 就无法检测到比程序扫描周期更短的脉冲信号，造成系统出错。为此，生产厂家为 PLC 增加了处理高速脉冲的功能，即高速计数器功能。S7-200 SMART HSC（高速计数器）计数模式支持见表 3-14。

表 3-14　S7-200 SMART HSC（高速计数器）计数模式支持

HSC 设备	支持模式	型号支持	
HSC1	模式 0	紧凑型型号	SR 和 ST 型号
HSC3			
HSC0	模式 0、1、3、4、6、7、9、10		
HSC2			
HSC4		—	
HSC5			

高速计数器的编程方法有两种：一是采用梯形图或语句表进行正常编程，二是通过 STEP 7-Micro/WIN 编程软件进行引导式编程。不论哪一种方法，都先要根据计数输入信号的形式与要求确定计数模式；然后选择计数器编号，确定输入地址。

分拣单元所配置的 PLC 是 S7-224 XP AC/DC/RLY 主单元，集成有 6 点的高速计数器，编号为 HSC0～HSC5，每一编号的计数器均分配有固定地址的输入端。同时，高速计数器可以被配置为 12 种模式中的任意一种，如表 3-15 所示。

表 3-15　S7-200PLC 的 HSC0～HSC5 输入地址和计数模式

模式	中断描述	输入点			
	HSC0	I0.0	I0.1	I0.2	
	HSC1	I0.6	I0.7	I1.0	I1.0
	HSC2	I0.2	I0.0	I1.4	I1.5
	HSC3	I0.1			
	HSC4	I0.3	I0.4		
	HSC5	I0.4			
0	带有内部方向控制的单相计数器	时钟			
1		时钟		复位	
2		时钟		复位	启动
3	带有外部方向控制的单相计数器	时钟	方向		
4		时钟	方向	复位	
5		时钟	方向	复位	启动
6	带有增减计数时钟的双相计数器	增时钟	减时钟		
7		增时钟	减时钟	复位	
8		增时钟	减时钟	复位	启动
9	A/B 相正交计数器	时钟 A	时钟 B		
10		时钟 A	时钟 B	复位	
11		时钟 A	时钟 B	复位	启动

根据分拣单元旋转编码器输出的脉冲信号形式（AB 相正交脉冲，Z 相脉冲不使用无外部复位和启动信号），由表 3-15 容易确定，所采用的计数模式为模式 0，选用的计数器为 HSC0，B 相脉冲从 I0.0 输入，A 相脉冲从 I0.1 输入，计数倍频设定为 4 倍频分拣单元高速计数器编程要求较简单，不考虑中断子程序、预置值等。

8. 程序编写

本项目程序图如 3-40 图所示。

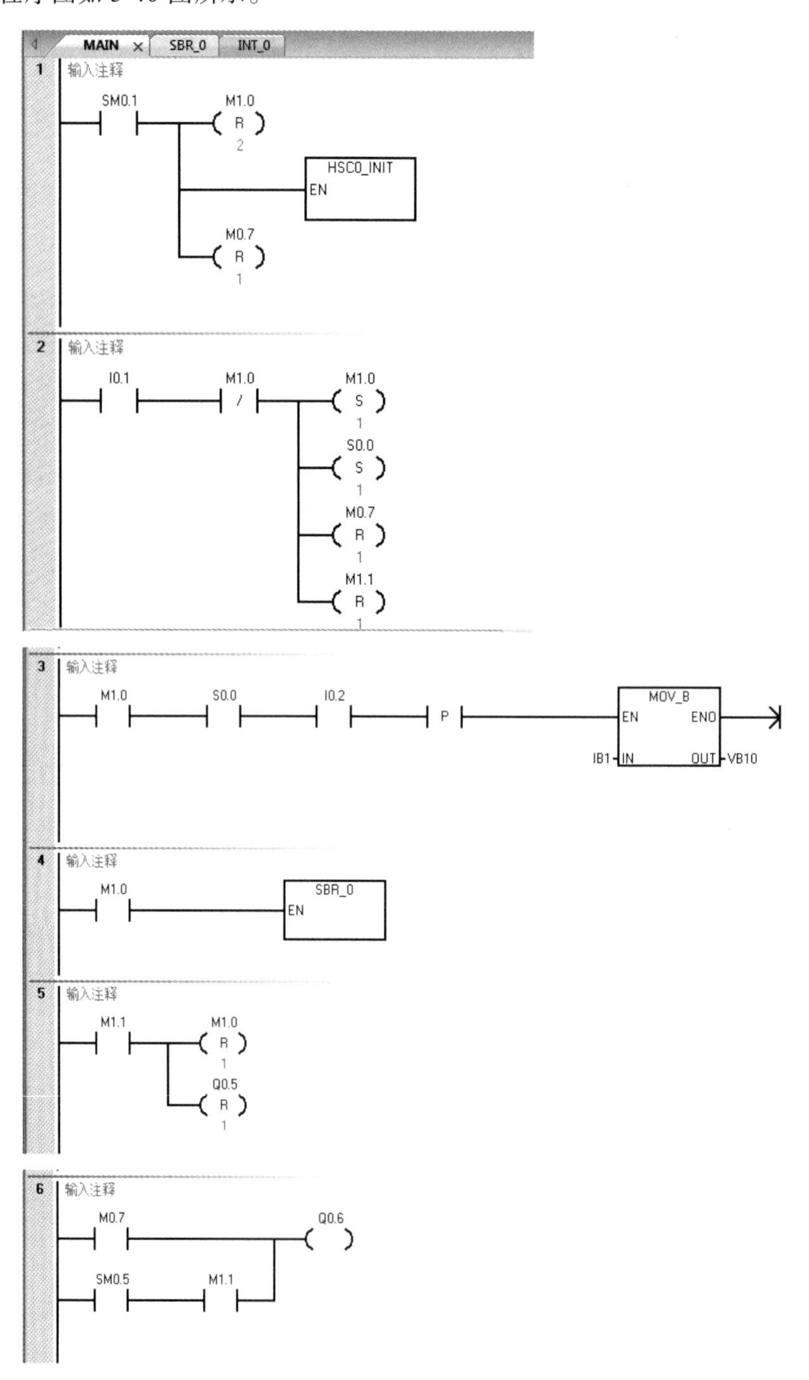

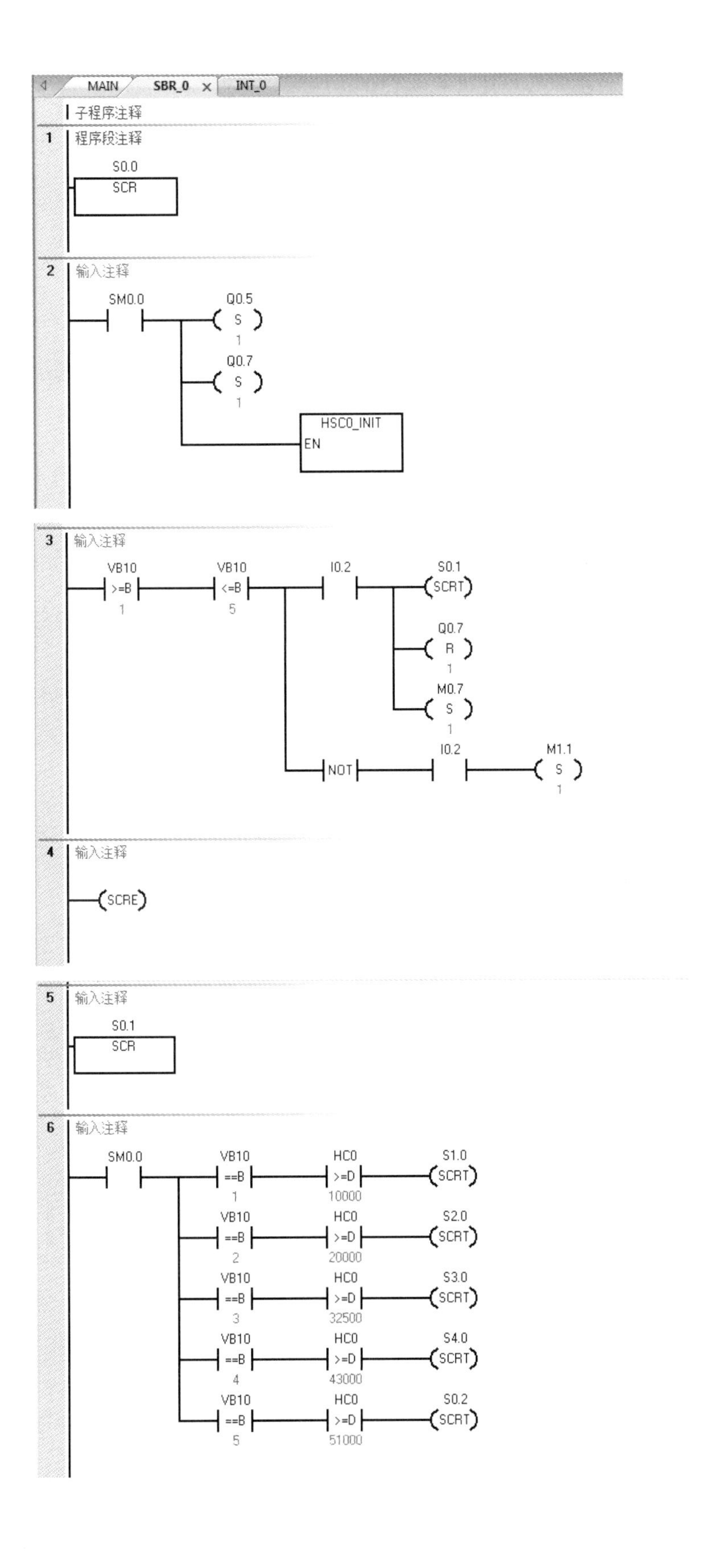
MAIN
SBR_0
INT_0
子程序注释
1
程序段注释
S0.0
SCR
2
输入注释
SM0.0
Q0.5
S
1
Q0.7
S
1
HSC0_INIT
EN
3
输入注释
VB10
>=B
1
VB10
<=B
5
I0.2
S0.1
SCRT
Q0.7
R
1
M0.7
S
1
NOT
I0.2
M1.1
S
1
4
输入注释
SCRE
5
输入注释
S0.1
SCR
6
输入注释
SM0.0
VB10
==B
1
HC0
>=D
10000
S1.0
SCRT
VB10
==B
2
HC0
>=D
20000
S2.0
SCRT
VB10
==B
3
HC0
>=D
32500
S3.0
SCRT
VB10
==B
4
HC0
>=D
43000
S4.0
SCRT
VB10
==B
5
HC0
>=D
51000
S0.2
SCRT

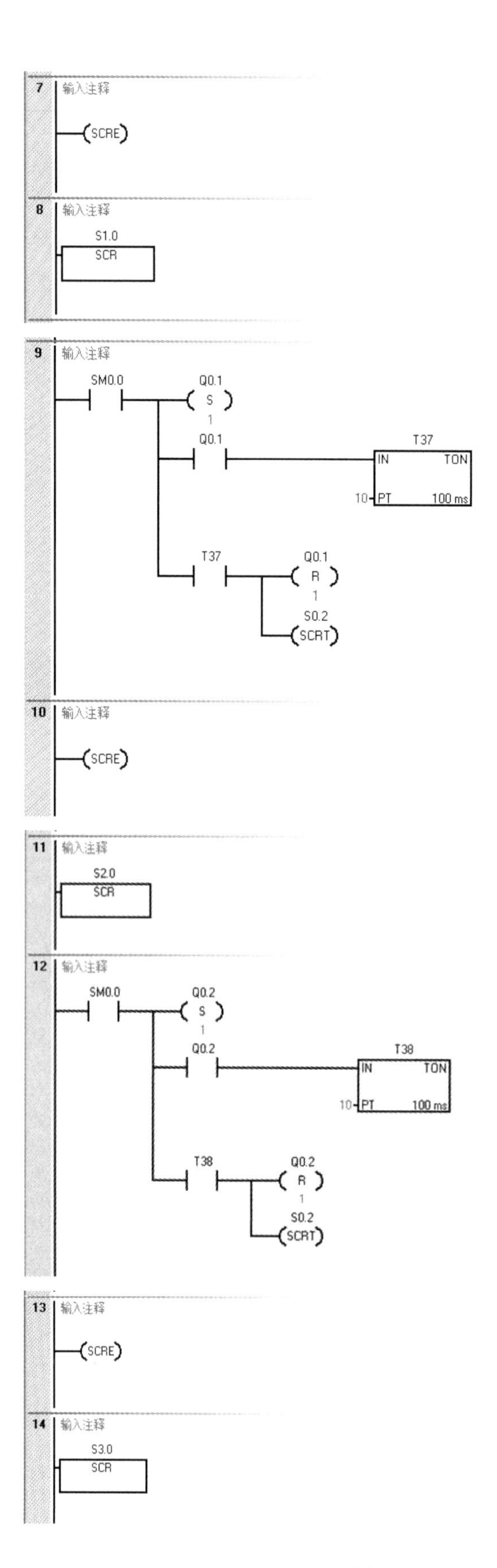

7 输入注释
SCRE
8 输入注释
S1.0
SCR
9 输入注释
SM0.0
Q0.1
S
1
Q0.1
T37
IN TON
10 PT 100 ms
T37
Q0.1
R
1
S0.2
SCRT
10 输入注释
SCRE
11 输入注释
S2.0
SCR
12 输入注释
SM0.0
Q0.2
S
1
Q0.2
T38
IN TON
10 PT 100 ms
T38
Q0.2
R
1
S0.2
SCRT
13 输入注释
SCRE
14 输入注释
S3.0
SCR

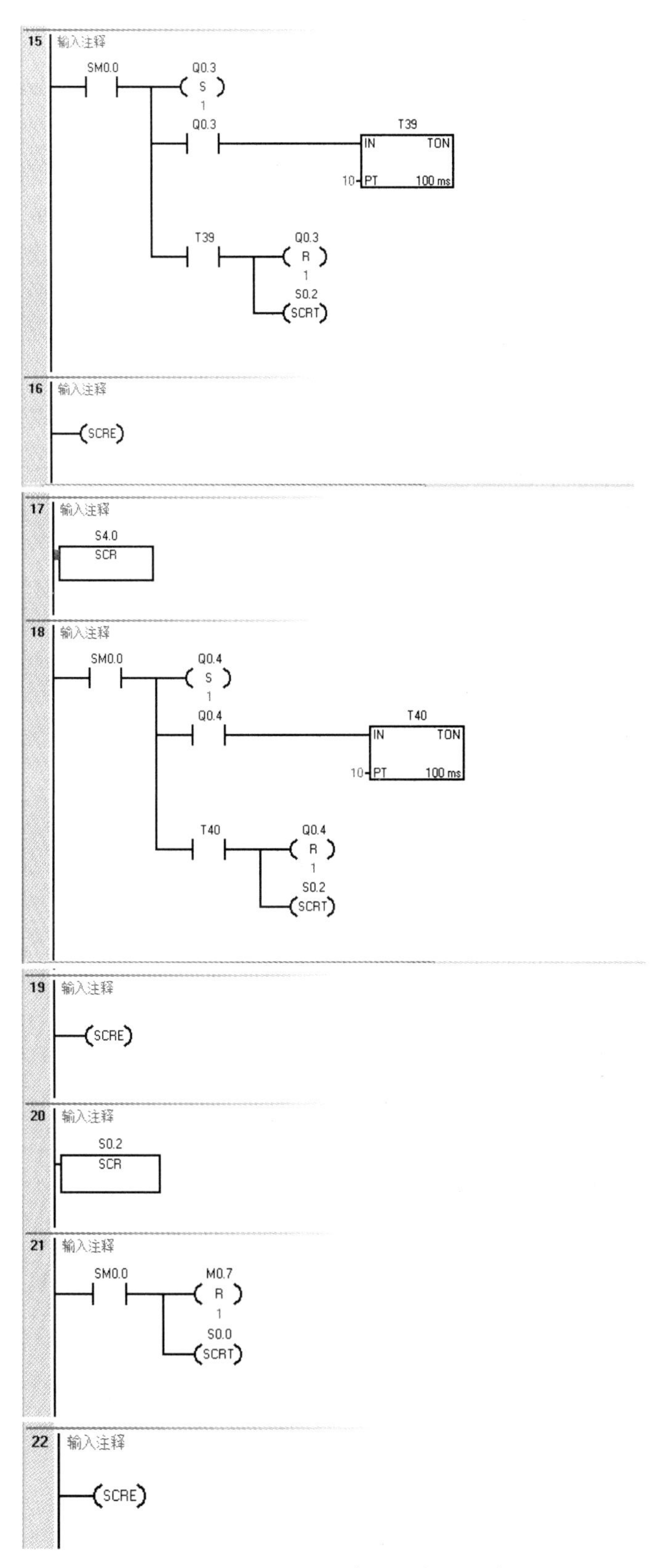

图 3-40　邮件分拣机程序图

9. 操作注意

（1）先将 PLC 主机上的电源开关拨到关状态，严格按图 3-39 所示接线，注意 12 V 和 24 V 电源的正负不要短接，电路不要短路，否则会损坏 PLC 触点。

（2）将电源线插进 PLC 主机表面的电源孔中，再将另一端插到 220 V 电源插板。

（3）将 PLC 主机的电源开关拨到开状态，并且必须将 PLC 串口置于 STOP 状态，然后通过计算机或编程器将程序下载到 PLC 中，下载完后，将 PLC 串口置于 RUN 状态。

（4）按照下列步骤进行实训操作：

① 拨上 1.0 ~ 1.3 中任一个或两个，但二进制组合值必须在 1 ~ 5（1.0、1.1、1.2、1.3 分别对应的代码是 1、2、4、8）。

② 先拨上 0.1、后拨下 0.1，L2、M5 保持亮。

③ 拨上 S2，M1 ~ M4 有一组灯箭头亮灭反向（与编码对应），同时 L1 亮、L2 灭，后恢复原状，最后 L2、L5 亮。如果编码组合后，超出数值 5，则 L1 闪烁，再次操作需重新按“启动”。

10. 思考题

（1）绿灯 L2 亮、红灯 L1 灭且电机 M5 运行，表示可以进行邮件分拣，其余任何时候不得启动工作方式。

（2）拨码开关读到的邮码的正常值为 1、2、3、4、5。若非此 5 个数，则红灯 L1 闪烁，表示出错，电机 M5 停止。

（3）重新启动后，可再运行。

3.7 自动送料装车系统

1. 目的

（1）理解自动送料装车控制系统工作流程。

（2）掌握用编程软件编写自动送料装车控制系统程序。

（3）掌握 I/O 的分配、I/O 的连接方法和程序的运行调试。

2. 设备

（1）PLC 主机单元一台。

（2）PLC 自动送料装车系统单元（图 3-41）一台。

（3）计算机或编程器一台。

（4）安全连线若干条。

（5）网线一根。

3. 例题

自动送料装车系统控制要求：

（1）初始状态：红灯 L2 灭，绿灯 L1 亮，表示允许汽车进来装料。料斗 K2，电机 M1、M2、M3 皆为 OFF。

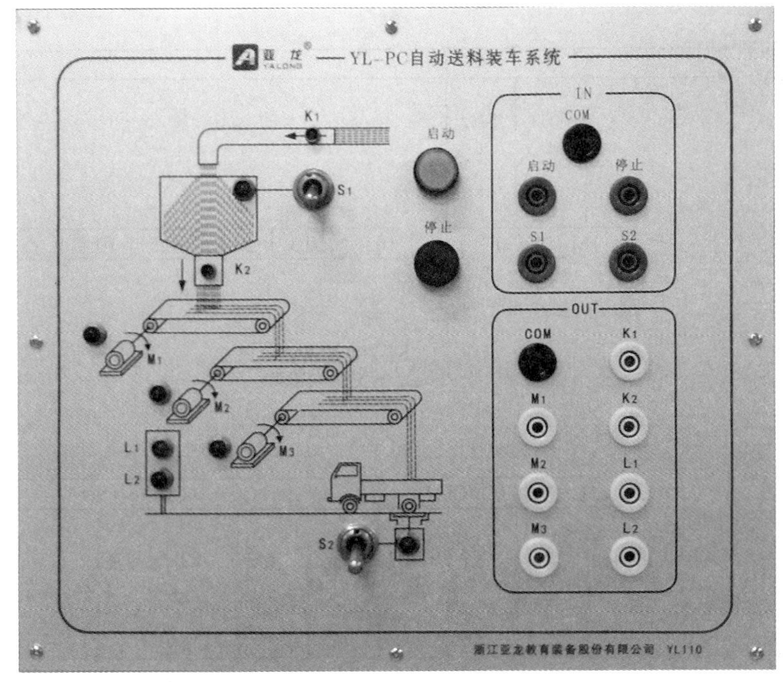

图 3-41　自动送料装车系统单元图

（2）工作周期。

① 当汽车到来时（用 S2 开关接通表示），L2 亮、L1 灭、M3 运行，电机 M2 在 M3 接通 2 s 后运行，电机 M1 在 M2 启动 2 s 后运行，延时 2 s 后，料斗 K2 打开出料。当汽车装满后（用 S2 断开表示），料斗 K2 关闭，电机 M1 延时 2 s 后停止，M2 在 M1 停 2 s 后停止，M3 在 M2 停 2 s 后停止。L1 亮，L2 s 灭，表示汽车可以开走。

② S1 是料斗中料位检测开关，其闭合表示料满，K2 可以打开，S1 分断时，表示料斗内未满，K1 打开，K2 不打开。

4. I/O 分配表

自动送料装车系统的 I/O 分配表如表 3-16 所示。

表 3-16　自动送料装车 I/O 分配表

输入		输出	
I0.0	漏斗上限位开关 S1	Q0.0	送料开关 K1
I0.1	位置检测开关 S2	Q0.1	漏斗开关 K2
		Q0.2	电机 M1
		Q0.3	电机 M2
		Q0.4	电机 M3
		Q0.5	绿灯 L1
		Q0.6	红灯 L2

5. I/O 接线图

本项目 I/O 接线图如图 3-42 所示。

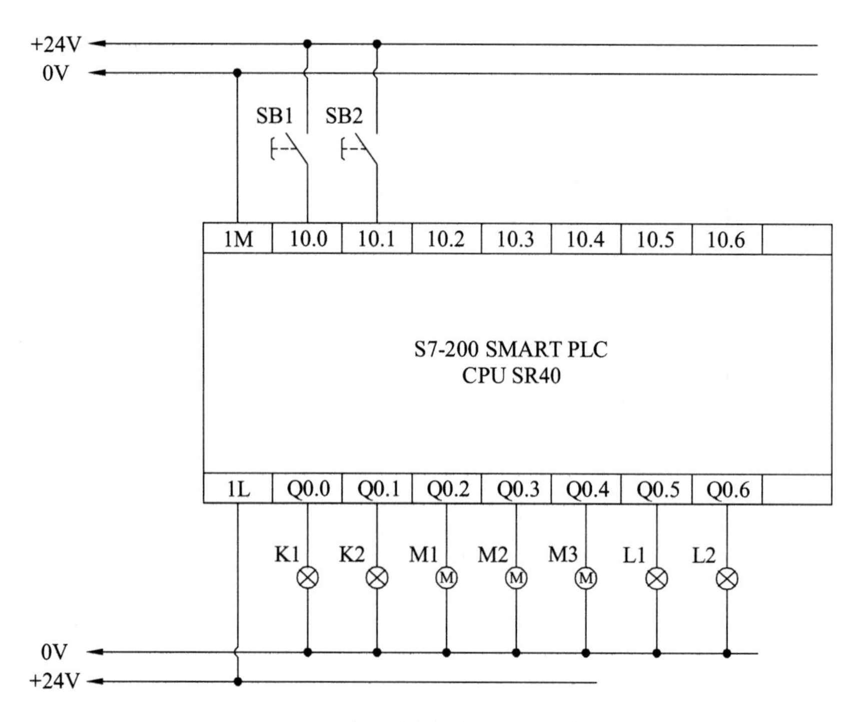

图 3-42　自动送料装车 I/O 接线图

6. 实物接线图

本项目实物接线图如图 3-43 所示。

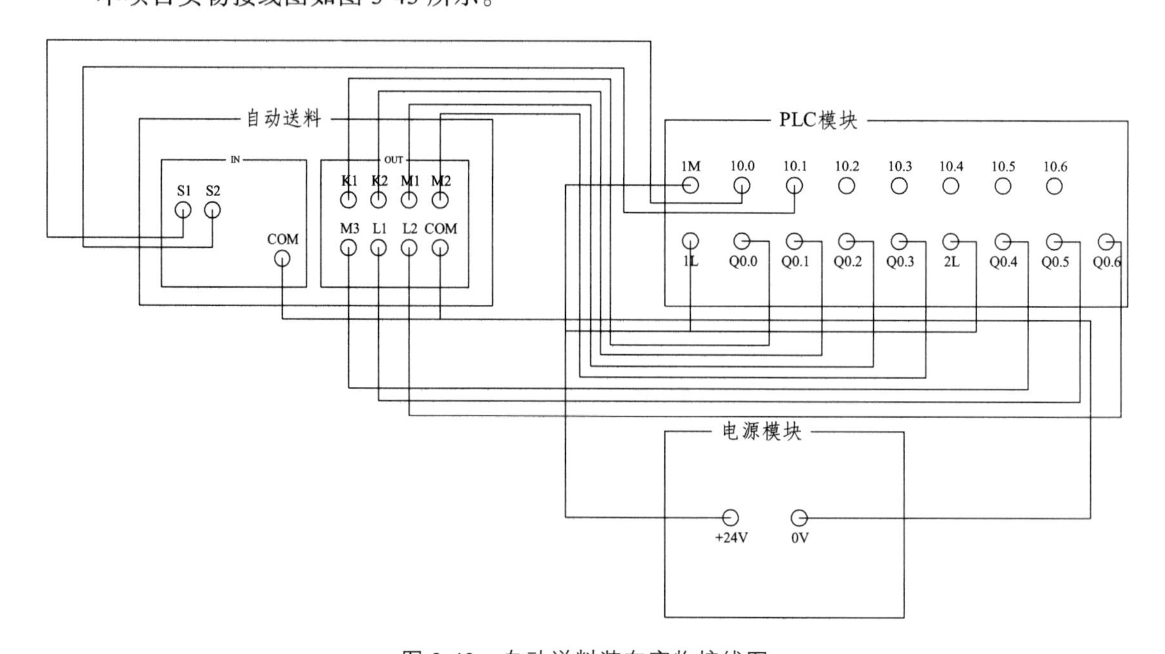

图 3-43　自动送料装车实物接线图

7. 程序编写

本项目程序图如图 3-44 所示。

1 初始状态，红灯L2灭，绿灯L1亮；

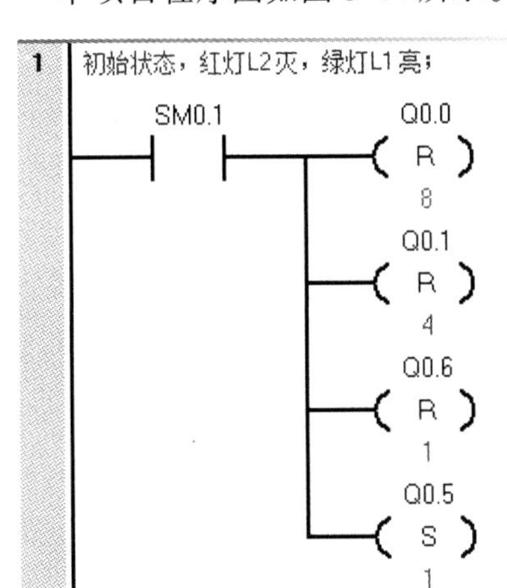

符号	地址	注释
CPU_输出0	Q0.0	送料开关K1
CPU_输出1	Q0.1	漏斗开关 K2
CPU_输出5	Q0.5	绿灯 L1
CPU_输出6	Q0.6	绿灯 L2
First_Scan_On	SM0.1	仅在第一个扫描周期时接通

2 料斗K1灯亮；

符号	地址	注释
CPU_输出0	Q0.0	送料开关K1
CPU_输入0	I0.0	漏斗上限位开关 S1

3 拨上开关S2指示灯亮，L1绿灯灭，L2红灯亮；

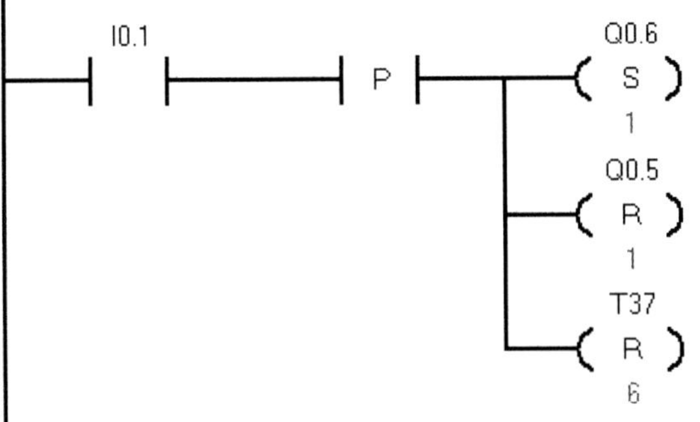

符号	地址	注释
CPU_输出5	Q0.5	绿灯 L1
CPU_输出6	Q0.6	绿灯 L2
CPU_输入1	I0.1	位置检测开关 S2

4 M3运行；

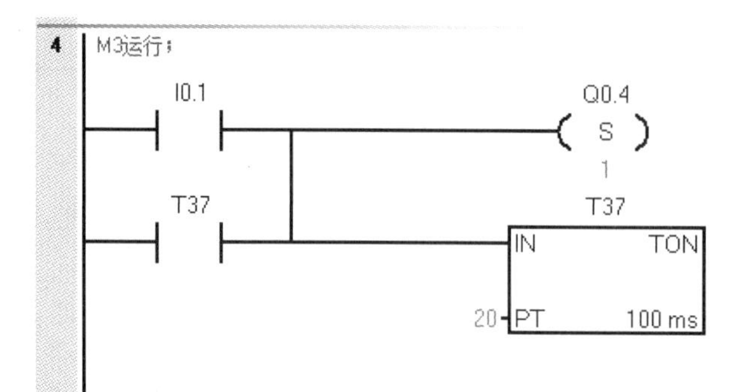

符号	地址	注释
CPU_输出4	Q0.4	电机 M3
CPU_输入1	I0.1	位置检测开关 S2

5 M2在M3接通2秒后运行；

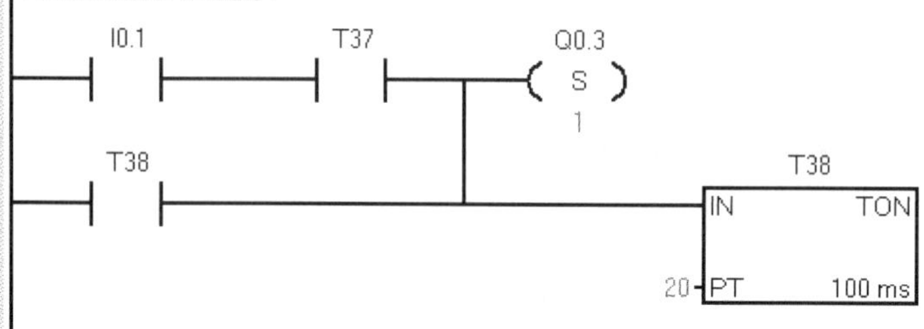

符号	地址	注释
CPU_输出3	Q0.3	电机 M2
CPU_输入1	I0.1	位置检测开关 S2

6 M1在M2启动2秒后运行；

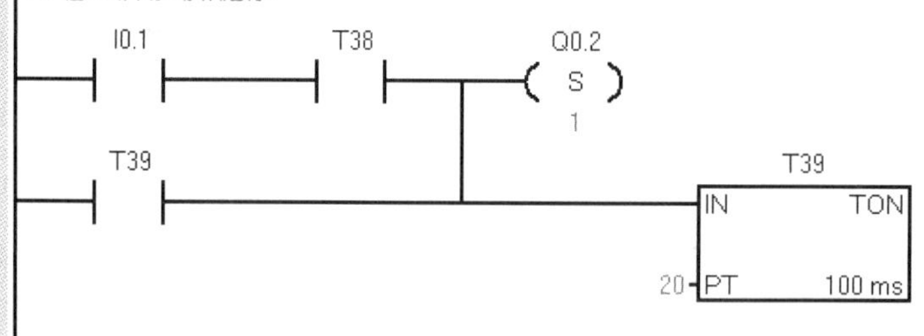

符号	地址	注释
CPU_输出2	Q0.2	电机 M1
CPU_输入1	I0.1	位置检测开关 S2

7 延时2秒后，料斗K2打开出料；

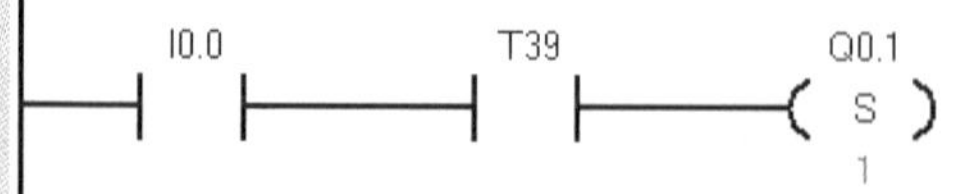

符号	地址	注释
CPU_输出1	Q0.1	漏斗开关 K2
CPU_输入0	I0.0	漏斗上限位开关 S1

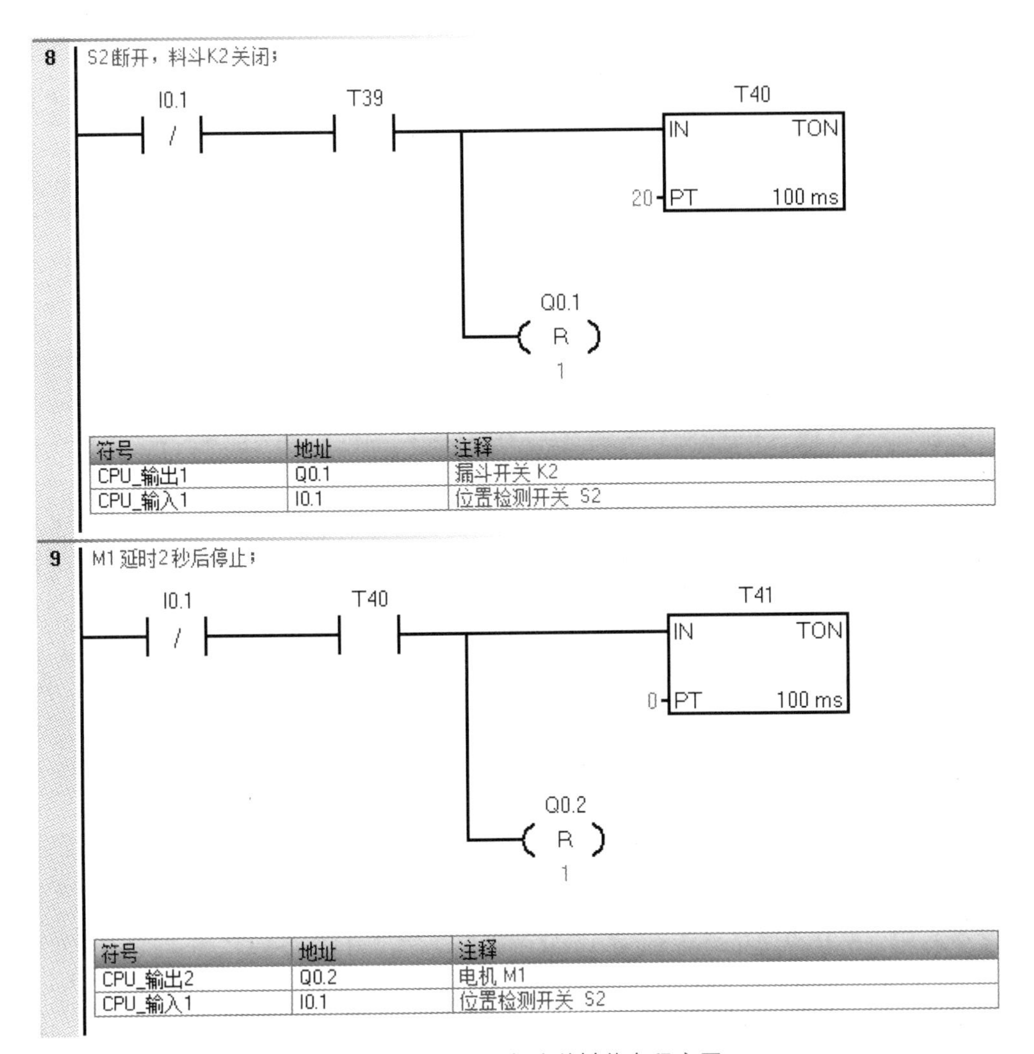

图 3-44　自动送料装车程序图

8. 知识拓展

1）顺序控制设计方法

（1）流程图：根据功能流程图，以步为核心，从起始步开始一步一步地设计下去，直至完成。此法的关键是画出功能流程图。首先将被控制对象的工作过程按输出状态的变化分为若干步，并指出工步之间的转换条件和每个工步的控制对象。这种工艺流程图集中了工作的全部信息。

（2）步进链：步进指令用于在大型程序中各个程序段建立联结点，特别适用于顺序控制，通常把整个系统的控制程序划分为若干个程序段，每个程序段对应于工艺过程的一个部分。用步进指令可按指令顺序分别执行各个程序段，但必须在执行完上一个程序段后才能执行下一段，同时，在下一段执行之前，CPU 要清除数据区并使定时器复位。

（3）顺序控制指令：顺序控制指令是 PLC 生产厂家为用户提供的可使功能图编程简单化和规范化的指令，顺应控制指令的形式及功能如表 3-17 所示。

表 3-17　顺应控制指令的形式及功能

STL	LAD	功能	操作对象
LSCR	SCR	标记一个 SCR 段（或一个步）的开始。当允许输入有效时，允许该 SCR 段工作	位
SCRT	—(SCRT)	将当前的 SCR 段切换到下一个 SCR 段。当允许输入有效时，进行切换，即停止当前 SCR 段工作（复位），启动下一个 SCR 段工作（置位）	位
SCRE	—(SCRE)	标记一个 SCR 段（或一个步）的结束	无

从 LSCR 指令开始到 SCRE 指令结束的所有指令组成一个顺序控制继电器（SCR）段。LSCR 指令标志一个 SCR 段的开始，当该段的状态器置位时，允许该 SCR 段工作。SCRE 指令表示 SCR 段的结束。当 SCRT 指令的输入端有效时，一方面置位下一个 SCR 段的状态器 S，以便使下一个 SCR 段工作；另一方面同时使该段的状态器复位，使该段停止工作。

SCR 使用时有以下限制：

（1）不能在不同的程序中使用相同的 S 位。如 PLC 控制的流程有两部分，则这两部分之间不能用相同的 S 位，否则两部分的流程会混串。

（2）不能在 SCR 指令中使用 JMP 和 LBL 指令。即不允许用跳入或跳出的方法跳入或跳出 SCR 段，其实用顺序流程控制指令都能实现跳转，完全可不用 JMP。

（3）不能在 SCR 段中使用 FOR、NEXT、END 语句。

实例介绍：小车自动往返。

控制要求：小车最开始停在最左边，按下启动按钮，小车右行。碰到右限位开关时，小车暂停 3 s。3 s 后小车左行，碰到左限位开关时，返回初始位置。当再次按下 I0.0 启动按钮，小车右行，如此循环，如图 3-45 所示。

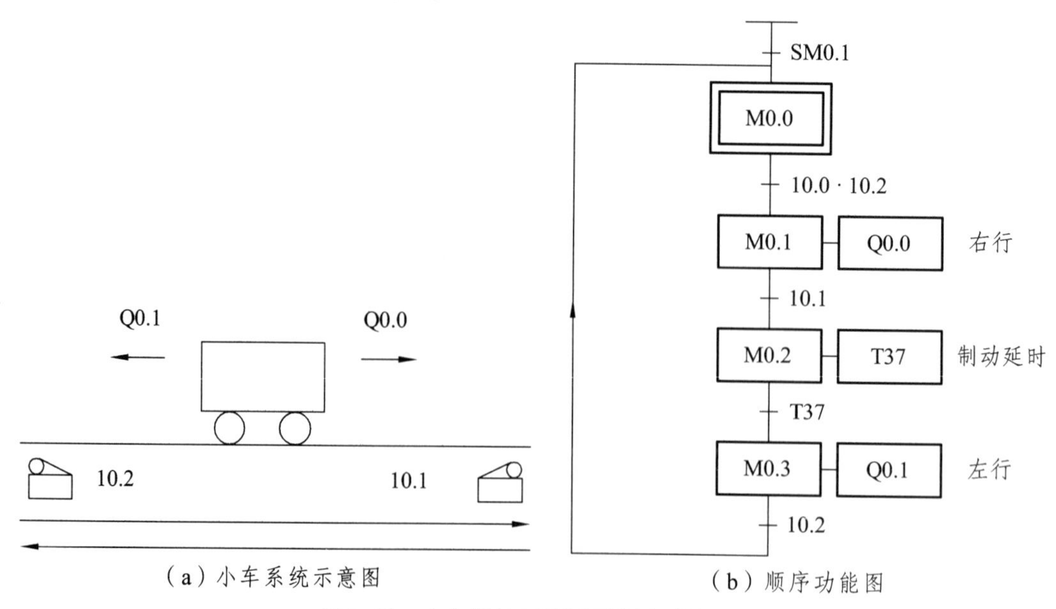

（a）小车系统示意图　　（b）顺序功能图

图 3-45　小车系统示意图及顺序功能图

使用置位复位指令顺序控制小车往返梯形图。如图 3-45 所示。

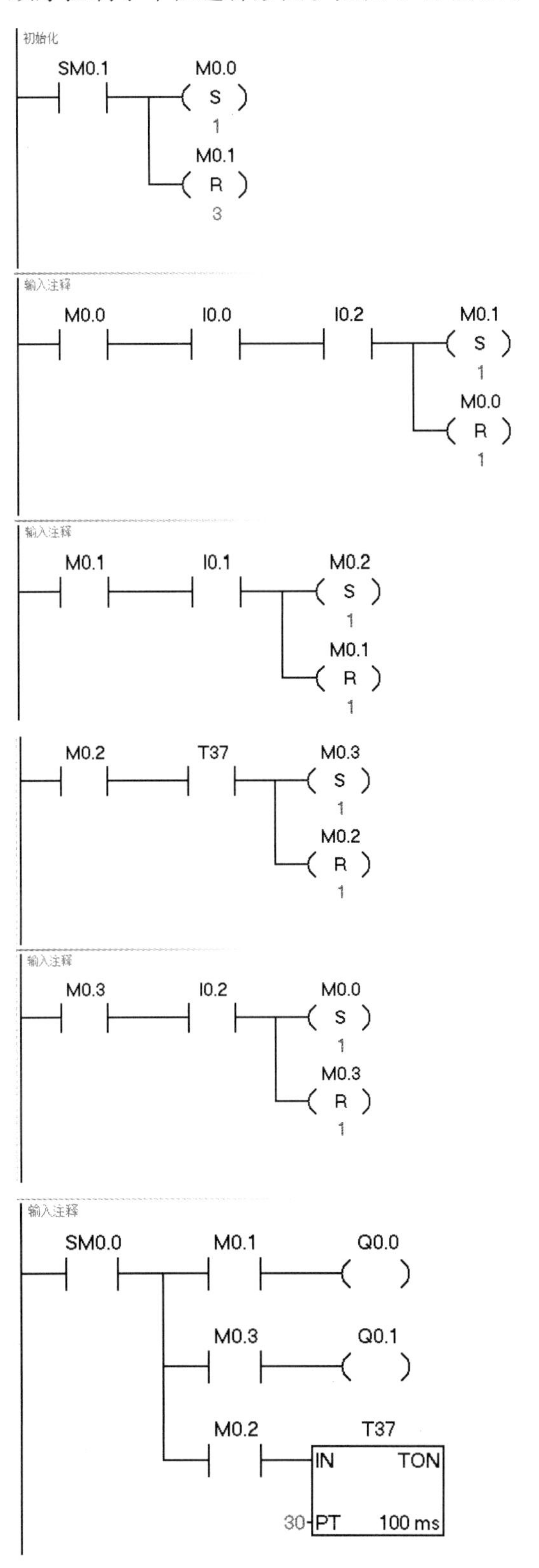

图 3-46　置位复位指令的顺序控制小车往返梯形图

SCR 指令的顺序功能图如图 3-47（a）所示，使用 SCR 指令的顺序控制小车往返的梯形图，如图 3-47（b）所示。

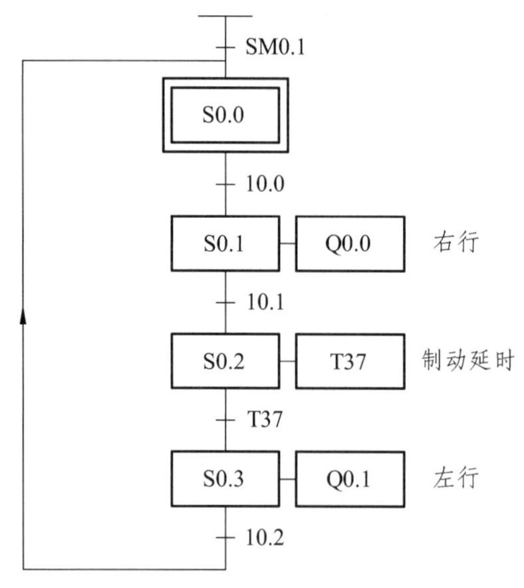

（a）SCR 指令的顺序功能图

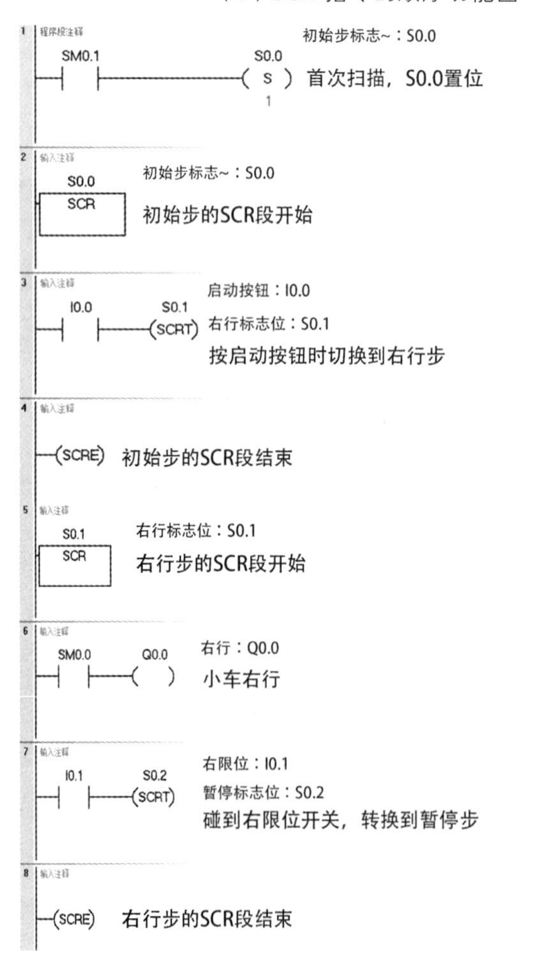

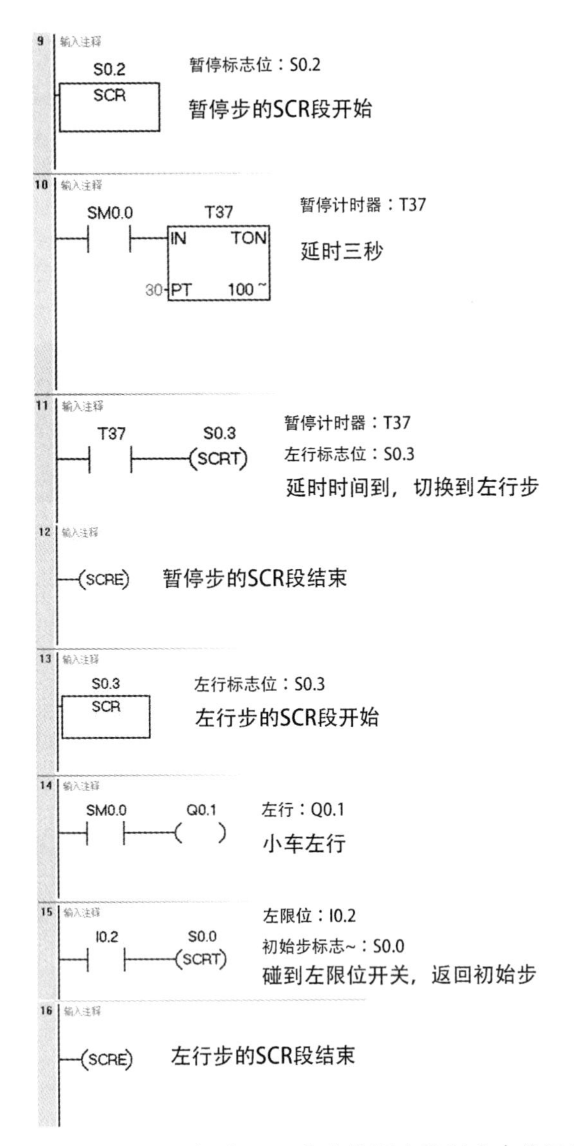

（b）SCR 指令的顺序控制小车往返的梯形图

图 3-47　SCR 指令的顺序功能图及顺序控制小车往返的梯形图

9. 操作注意

（1）先将 PLC 主机上的电源开关拨到关状态，严格按接线图所示接线，注意 12 V 和 24 V 电源的正负不要短接，电路不要短路，否则会损坏 PLC 触点。

（2）将电源线插进 PLC 主机表面的电源孔中，再将另一端插到 220 V 电源插板。

（3）将 PLC 主机的电源置于开状态，并且必须将 PLC 串口置于 STOP 状态，通过计算机或编程器将程序下载到 PLC 中，下载完后，再将 PLC 串口置于 RUN 状态。

（4）按照下列步骤进行实训操作：

① 启动后，L1 绿灯亮，料斗 K1 灯亮。

② 拨上开关 S2（指示灯亮，L1 绿灯灭，L2 红灯亮，电机 M3、M2、M1 依次点亮）。

③ 拨上检测开关 S1（指示灯亮，料斗 K1 灭，料斗 K2 亮）。

④ 拨下检测开关 S2（指示灯亮，电机 M1、M2、M3 依次灭，L1 亮，料斗 K1 灯亮，恢复到①）。

10. 思考题

自动送料装车系统控制要求（周期由拨码开关决定）：

（1）初始状态：红灯 L2 灭、绿灯 L1 亮，表示允许汽车进来装料；料斗 K2、电机 M1、M2、M3 皆为 OFF。

（2）系统设定启动按钮 SB1 及停止按钮 SB2，当按下启动按钮 SB1 时，系统开始运行，当按下停止按钮，系统完成工作周期后，停止运行。

（3）工作周期：

当汽车到来时(用 S2 开关接通表示)，L2 亮、L1 灭、M3 运行，电机 M2 在 M3 接通 2 s 后运行，电机 M1 在 M2 启动 2 s 后运行，延时 2 s 后，料斗 K2 打开出料。当汽车装满后(用 S2 断开表示)，料斗 K2 关闭，电机 M1 延时 2 s 后停止，M2 在 M1 停 2 s 后停止，M3 在 M2 停 2 s 后停止。L1 亮、L2 灭，表示汽车可以开走。S1 是料斗中料位检测开关，其闭合表示料满，K2 可以打开，S1 分断时，表示料斗内未满，K1 打开，K2 不打开。

PLC 项目实训提升篇

3.8　全自动洗衣机的控制

1. 目的

（1）了解编程器的基本操作以及编程器的输入、检查和运行操作。

（2）了解用 PLC 实现全自动洗衣机的控制原理及其 I/O 口的连接、PLC 程序的编写和调试运行。

（3）了解 I/O 口分配和 I/O 口接线的方法。

（4）了解 PLC 的编程语言。

2. 设备

（1）PLC-主机单元一台。

（2）全自动洗衣机控制单元（图 3-48）一台。

（3）计算机或编程器一台。

（4）安全连线若干条。

（5）网线一根。

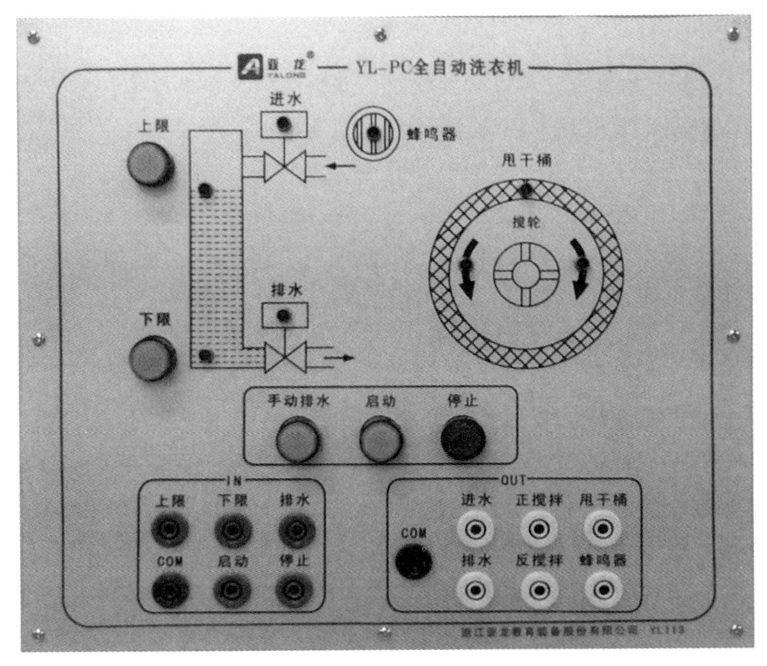

图 3-48　全自动洗衣机控制单元模块图

3. 例题

全自动洗衣机的工作方式：

（1）按启动按钮，首先进水电磁阀打开，进水指示灯亮。

（2）按上限按钮，进水指示灯灭，搅轮在正反搅拌，两灯轮流亮灭。

（3）等待几秒钟，排水灯亮，后甩干桶灯亮了又灭。

（4）按下限按钮，排水灯灭，进水灯亮。

（5）重复两次（1）~（4）的过程。

（6）第三次按下限按钮时，蜂鸣器灯亮 5 s 后灭，整个过程结束。

（7）操作过程中，按停止按钮可结束动作过程。

（8）手动排水按钮是独立操作命令，按下手动排水后，必须要按下限按钮。

4. I/O 分配表

全自动洗衣机的 I/O 分配表如表 3-18 所示。

表 3-18　全自动洗衣机 I/O 分配表

输入		输出	
I0.0	启动按钮	Q0.0	进水指示灯
I0.1	停止按钮	Q0.1	正搅拌指示灯
I0.2	上限按钮	Q0.2	甩干桶指示灯
I0.3	下限按钮	Q0.3	排水指示灯
I0.4	手动排水按钮	Q0.4	反搅拌指示灯
		Q0.5	蜂鸣器指示灯

5. 操作注意

（1)先将 PLC 主机上的电源开关拨到关状态，严格按控制要求接线，注意 12 V 和 24 V 电源的正负不要短接，电路不要短路，否则会损坏 PLC 触点。

（2）将电源线插进 PLC 主机表面的电源孔中，再将另一端插到 220 V 电源插板。

（3）将 PLC 主机上的电源开关拨到开状态，并且必须将 PLC 串口置于 STOP 状态，然后通过计算机或编程器将程序下载到 PLC 中，下载完后，再将 PLC 的串口置于 RUN 状态。

（4）实训操作按工作方式操作。

6. 思考题

（1）设计一个洗衣机系统，具体控制要求如下：

系统分为手动模式和自动模式，选择的模式由面板上的转换开关（SA）来进行切换。

选择手动模式时，控制要求如下：

按下开始按钮，进水电磁阀启动系统开始注水，当水位到达上限位时，进水电磁阀关闭系统停止注水；注水过程中按下停止按钮系统停止注水（停止后可继续进行注水和排水）；当系统注过水时，按下手动排水按钮时排水阀打开系统开始排水，水位低于下限位时（下限位有信号），系统停止排水。

选择自动模式时，控制要求如下：

① 按下启动按钮，进水电磁阀打开。

② 水位达到上限时，进水电磁阀关闭，搅轮在正反搅拌。

③ 搅拌 4 s 后，搅拌停止，开始排水。

④ 水位低于下限位时（下限位有信号），停止排水。

⑤ 重复两次清洗的过程。

⑥ 重复两次以后，滚筒开始甩干，甩干功能 5 s 后停止（甩干持续的倒计数时间在数码管上显示），此时蜂鸣器响 5 s 后停止，整个过程停止。

⑦ 运行过程中，按停止按钮立即结束动作。

注：系统一旦上电，数码管即显示时间，在空闲时段，显示时间为 0。

3.9　水塔水位自动控制

1. 目的

（1）了解水塔水位自动控制工作原理。

（2）掌握梯形图的编程方法和指令程序的编法。

（3）掌握编程器的基本操作以及编程器的输入、检查、修改和运行操作。

2. 设备

（1）PLC-主机单元一台。

（2）水塔水位自动控制单元（图 3-49）一台。

（3）计算机或编程器一台。

（4）安全连线若干条。

（5）网线一根。

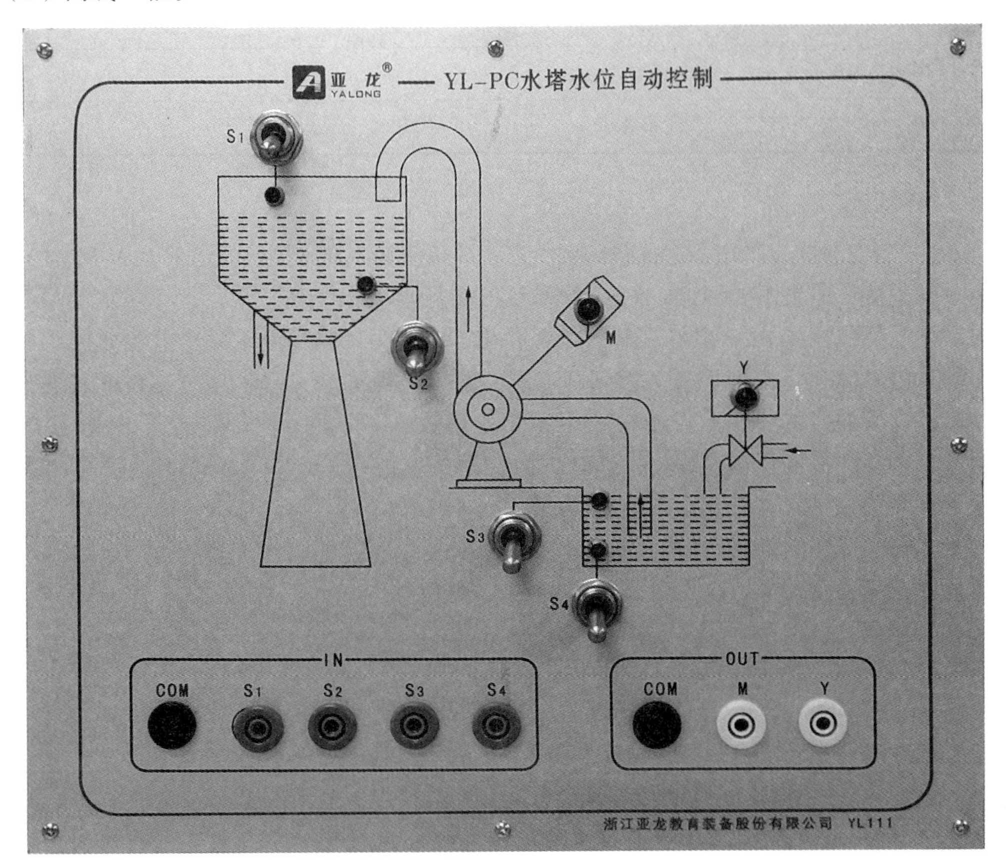

图 3-49　水塔水位自动控制单元图

3. 例题

水塔水位的工作方式：

当水池液面低于下限水位（S4 为 OFF 表示），电磁阀 Y 打开注水，S4 为 ON，表示水位高于下限水位。当水池测池液面高于上限水位（S3 为 ON 表示），电磁阀 Y 关闭。

当水塔水位低于下限水位（S2 为 OFF 表示），水泵 M 工作，向水塔供水，S2 为 ON，表示水位高于下限水位。当水塔液面高于上限水位（S1 为 ON 表示），水泵 M 停。

当水塔水位低于下限水位，同时水池水位也低于下限水位时，水泵 M 不启动。

4. I/O 分配表

水塔水位自动控制的 I/O 分配表如表 3-19 所示。

表 3-19　水塔水位 I/O 分配表

输入		输出	
I0.0	水塔上限位	Q0.0	电磁阀 Y
I0.1	水塔下限位	Q0.1	水泵 M
I0.2	水池上限位		
I0.3	水池下限位		

5. 操作注意

（1）先将 PLC 主机上的电源开关拨到关状态，严格按控制要求接线，注意 12 V 和 24 V 电源的正负不要短接，电路不要短路，否则会损坏 PLC 触点。

（2）将电源线插进 PLC 主机表面的电源孔中，再将另一端插到 220 V 电源插板。

（3）将 PLC 主机上的电源开关拨到开状态，并且必须将 PLC 串口置于 STOP 状态，然后通过计算机或编程器将程序下载到 PLC 中，下载完后，再将 PLC 的串口置于 RUN 状态。

（4）实训操作按下列步骤操作：

① 拨下限开关 S4，电磁阀 Y 亮，下限开关 S4 复位。

② 拨上限开关 S3，电磁阀 Y 灭，上限开关 S3 复位。

③ 拨下限开关 S2，水泵 M 亮，下限开关 S2 复位。

④ 拨上限开关 S1，水泵 M 灭，上限开关 S1 复位。

6. 思考题

控制要求：

（1）按下启动按钮 SB1，系统运行指示灯 HL1 点亮。如果水池无水，则进水电磁阀 Y 启动，向水池注水，直至水池水位达到最高液位，进水电磁阀 Y 断开。在水池有水的情况下，如果水塔无水，则水泵 M 启动，向水塔抽水，直至水塔水位达到最高液位或者储水池没水。

（2）按下停止按钮 SB2，系统运行指示灯 HL1 熄灭，进水电磁阀 Y 和水泵 M 均停止运转。

（3）当水池水位低于下限水位（S4 为 ON），电磁阀 Y 应打开注水，若 5 s 内开关 S4 仍未由闭合转为分断，表明电磁阀 Y 未打开，出现故障，则指示灯 HL1 以 1Hz（50%占空比）的频率闪烁。

3.10　多种液体自动混合

1. 目的

（1）理解多种液体自动混合控制系统工作原理。

（2）掌握梯形图的编程方法和指令程序的编法。

（3）掌握编程器的操作以及编程器的输入、检查、修改、下载、上载和运行操作。

2. 设备

（1）PLC-主机单元一台。

（2）PLC 多种液体自动混合单元（图 3-50）一台。

（3）计算机或编程器一台。

（4）安全连线若干条。

（5）网线一根。

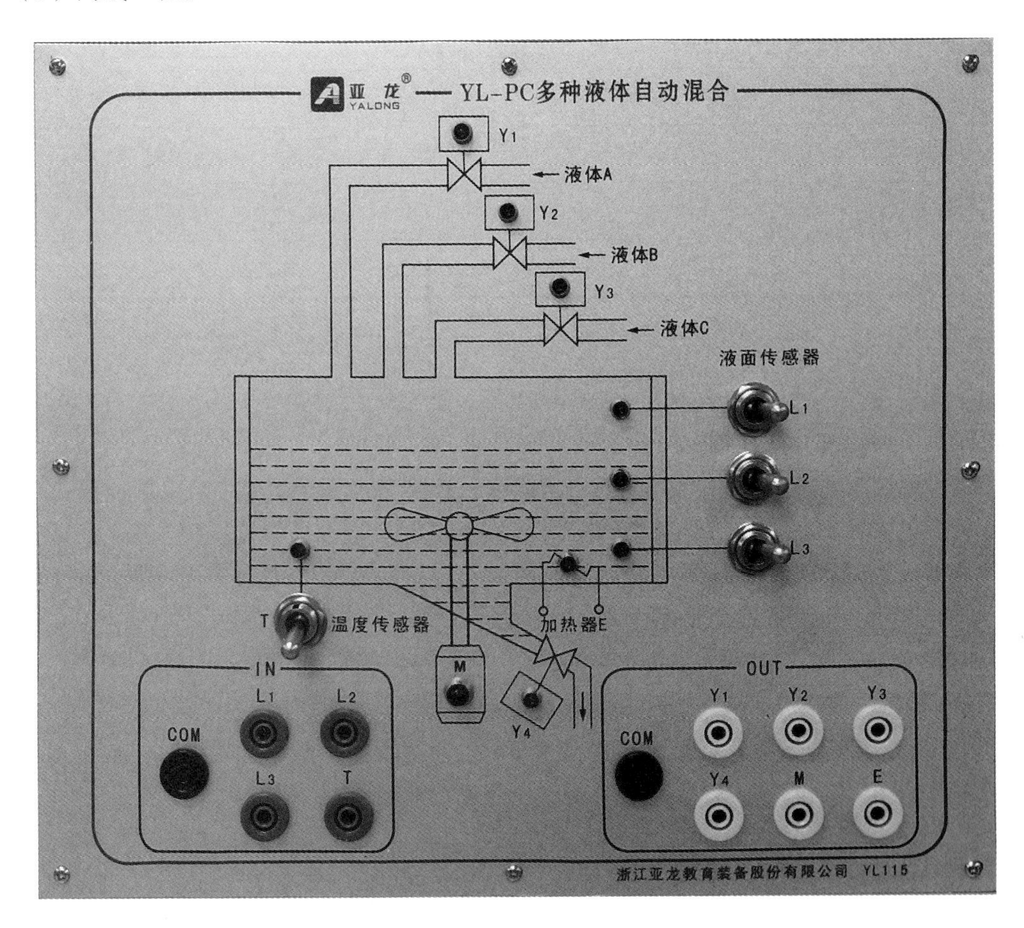

图 3-50 多种液体自动混合单元图

3. 例题

多种液体自动混合控制要求如下：

（1）初始状态：容器为空，电磁阀 Y1、Y2、Y3、Y4 和搅拌机 M 为关断，液面传感器 L1、L2、L3 均 OFF1。

（2）按下启动按钮，电磁阀 Y1、Y2 打开，注入液体 A 与 B，液面高度为 L2 时（此时 L2 和 L3 均为 ON），停止注入（Y1、Y2 为 OFF）。同时开启液体 C 的电磁阀 Y3（Y3 为 ON），注入液体 C，当液面升至 L1 时（L1 为 ON），停止注入（Y3 为 OFF）。开启搅拌机 M，搅拌时间为 5 s。之后电磁阀 Y4 开启，排出液体，当液面高度降至 L3 时（L3 为 OFF），再延时 5 s，Y4 关闭。按启动按钮可以重新开始工作。

4. I/O 分配表

多种液体自动控制的 I/O 分配表如表 3-20 所示

表 3-20　多种液体自动混合 I/O 分配表

输入		输出	
I0.0	启动	Q0.1	电磁阀 Y1
I0.1	L1	Q0.2	电磁阀 Y2
I0.2	L2	Q0.3	电磁阀 Y3
I0.3	L3	Q0.4	电磁阀 Y4
I0.4	T	Q0.5	搅拌机 M
		Q0.6	电炉 H

5. 操作注意

（1）先将 PLC 主机上的电源开关拨到关状态，严格按控制要求接线，注意 12 V 和 24 V 电源的正负不要短接，电路不要短路，否则会损坏 PLC 触点。

（2）将电源线插进 PLC 主机表面的电源孔中，再将另一端插到 220 V 电源插板。

（3）将 PLC 主机上的电源开关拨到开状态，并且必须将 PLC 串口置于 STOP 状态，然后通过计算机或编程器将程序下载到 PLC 中，下载完成后，再将 PLC 串口置于 RUN 状态。

（4）按下列步骤进行实训操作：

① 拨动启动开关，电磁阀 Y1、Y2 灯亮。

② 拨上 L3、L2，电磁阀 Y1、Y2 灭，电磁阀 Y3 亮。

③ 拨上 L1，电磁阀 Y3 灭，搅拌机 M 亮 5 s 后电磁阀 Y4 亮。

④ 依次断开 L1、L2、L3，延时 5 s 后，电磁阀 Y4 灭，Y3 亮。

6. 思考题

（1）多种液体自动混合系统由储水器 1 台，搅拌机 M 一台，三个液位传感器 L1、L2、L3，三个进水电磁阀 Y1、Y2、Y3 和一个出水电磁阀 Y4 所组成。

（2）初始状态：系统通电后，电磁阀 Y1、Y2、Y3、Y4 断开，搅拌机 M 停止。

（3）如果储水器中有液体（即液面传感器 L1、L2、L3 有信号输出），则按下排液按钮 SB1 后，电磁阀 Y4 接通，将储水器中的剩余液体排出。当液面低于 L3 传感器，然后延时 5 s 以后，认为剩余液体已经排出干净，电磁阀 Y4 断开。

（4）当储水器中没有液体后，按下系统启动按钮 SB2，开始下列操作：

① 电磁阀 Y1 闭合，开始注入液体 A，至液面高度使液位传感器 L3 接通，停止注入液体 A，电磁阀 Y1 断开，同时电磁阀 Y2 闭合，开始注入液体 B，当液面高度使液位传感器 L2 接通，电磁阀 Y2 断开，停止注入液体 B。

② 停止液体 B 注入时，搅拌机 M 开始动作，搅拌混合时间为 10 s。

③ 当搅拌停止后，开始放出混合液体，此时电磁阀 Y4 接通，液体开始流出，至液体高度降低到使 S3 传感器断开，再经 5 s 停止放出，电磁阀 Y4 断开。

（5）控制要求。

多种液体自动混合系统由储水器 1 台，搅拌机 M 一台，三个液位传感器 L1、L2、L3，三个进水电磁阀 Y1、Y2、Y3 和一个出水电磁阀 Y4 所组成。如果按下系统启动按钮 SB2，HL1 熄灭，工作指示灯 HL2 以 1Hz 频率闪烁，同时开始下列操作：

① 电磁阀 Y1 闭合，开始注入液体 A（第一阶段），至液面高度使液位传感器 L3 接通，停止注入液体 A，电磁阀 Y1 断开，同时电磁阀 Y2 闭合（第二阶段），开始注入液体 B，当液面高度使液位传感器 L2 接通，电磁阀 Y2 断开，停止注入液体 B，同时电磁阀 Y3 闭合（第三阶段），开始注入液体 C，当液面高度使液位传感器 L1 接通，电磁阀 Y3 断开，停止注入液体 C。

② 停止液体 C 注入时，搅拌机 M 开始动作，搅拌混合时间为 12 s（第四阶段）。

③ 当搅拌停止后，开始放出混合液体，此时电磁阀 Y4 接通（第五阶段），液体开始流出，至液体高度降低到使 L3 传感器断开，再经 5 s 停止放出，电磁阀 Y4 断开。

④ 电磁阀 Y4 断开后，系统自动进行第一阶段的工作，如此循环。

⑤ 按下停止键 SB1，系统完成当前工作循环，排出储水器中所有的液体后，停止循环，同时工作指示灯 HL2 熄灭，HL1 点亮。

3.11 电镀生产线控制

1. 目的

（1）了解电镀生产线顺序控制的过程。

（2）掌握 I/O 的分配和接法。

（3）掌握梯形图的编程方法和理解指令程序的编法。

（4）掌握编程器的基本操作以及编程器的输入、检查、修改和运行操作。

2. 设备

（1）PLC-主机单元一台。

（2）电镀生产线控制单元（图 3-51）一台。

（3）编程器或计算机一台。

（4）安全连线若干条。

（5）网线一根。

3. 例题

1）工作过程

工作过程说明如图 3-52 所示。

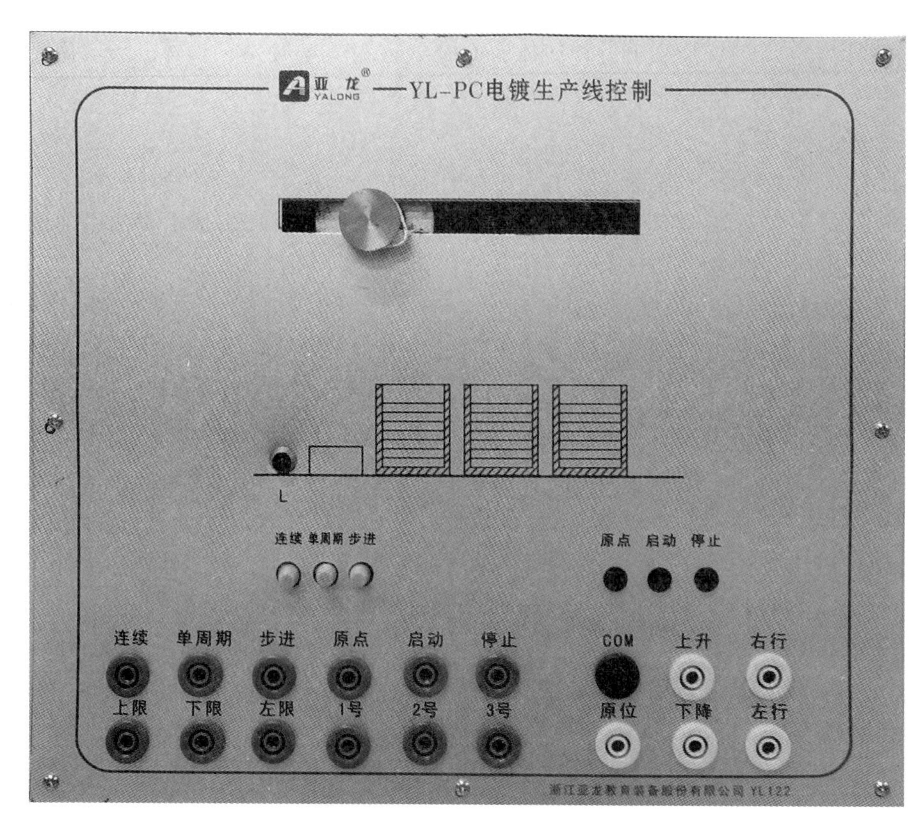

图 3-51　电镀生产线控制单元模块图

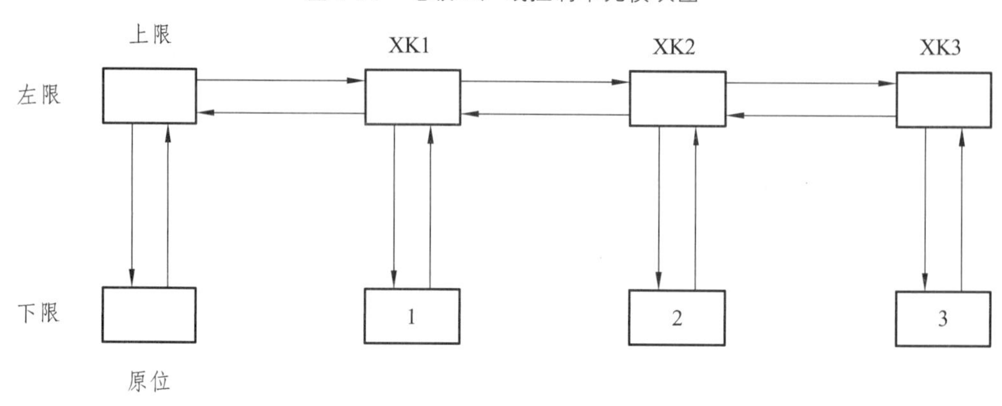

图 3-52　电镀生产线控制的工作过程

在电镀生产线左侧，工人将零件装入行车的吊篮并发出自动启动信号，行车提升吊篮并自动前进。按工艺要求在需要停留的槽位停止，并自动下降。在停留一段时间后自动上升，如此完成工艺规定的每一道工序直至生产线末端，行车便自动返回原始位置，并由工人装卸零件。

2）工作流程

（1）原位：表示设备处于初始状态，吊钩在下限位置，行车在上限位置。

（2）自动工作过程：启动→吊钩上升→上限行程开关闭合→右行至 1 号槽→XK1 行程开关闭合→吊钩下降进入 1 号槽内→下限行程开关闭合→电镀延时→吊钩上升……由 3 号槽内吊钩

上升，左行至右限位，吊钩下降至下限位（即原位）。

（3）连续工作：当吊钩回到原点后，延时一段时间（装卸零件），自动上升右行。按照工作流程要求不停地循环。当按动“停止”按钮，设备并不立即停车，而是返回原点后停车。

（4）单周期操作：设备始于原点，按下启动按钮，设备工作一个周期，然后停于原点。要重复第二个工作周期，必须再按一下启动按钮。当按动“停止”按钮，设备立即停车，按动“启动”按钮后，设备继续运行。

（5）步进操作：每按下启动按钮，设备只向前运行一步。

4. I/O 分配表

电镀生产线控制的 I/O 分配表如表 3-21 所示。

表 3-21　电镀生产线 I/O 分配表

输入		输出	
I0.0	下限行程开关	Q0.0	上升
I0.1	上限行程开关	Q0.1	下降
I0.2	左限位	Q0.2	右行
I0.3	XK1 行程开关	Q0.3	左行
I0.4	XK2 行程开关	Q0.4	原位
I0.5	XK3 行程开关		
I0.6	原点开关		
I0.7	连续工作开关		
I1.0	启动按钮		
I1.1	停止按钮		
I1.2	步进按钮		
I1.3	单周期按钮		

5. 操作注意

（1)先将 PLC 主机上的电源开关拨到关状态，严格按控制要求接线，注意 12 V 和 24 V 电源的正负不要短接，电路不要短路，否则会损坏 PLC 触点。

（2）将电源线插进 PLC 主机表面的电源孔中，再将另一端插到 220 V 电源插板。

（3）将 PLC 主机上的电源开关拨到开状态，并且必须将 PLC 串口置于 STOP 状态，然后通过计算机或编程器将程序下载到 PLC 中，下载完后，再将 PLC 串口置于 RUN 状态。

（4）操作过程：

① 先按下“原点”开关，使设备处于初始位置，即零件位于左下方，此时原点指示灯亮。

② 按下“连续工作”开关，再按“启动”按钮，使设备连续工作，观察设备的工作过程。按停止按钮，观察设备如何停止。

③ 按下“单周期”开关，选择单周期工作方式，按“启动”按钮，设备工作一个周期后，应停于原位，在设备工作过程中按“停止”按钮，观察设备是否立即停止，再按下“启动”按钮，设备是否继续工作。

④ 按下“单步”开关，选择单步工作方式，每按一下启动按钮，设备只工作一步。

⑤ 不管在“连续工作”“单周期”还是“单步”，只要按下“原点”按钮，则设备都将回到原点位。

3.12 自控成型机

1. 目的

（1）理解自控成型机的工作原理。

（2）掌握编程软件的使用以及对程序的输入、检查、修改和运行调试。

（3）掌握 I/O 口的分配和 I/O 口的接法。

2. 设备

（1）PLC 主机单元一台。

（2）PLC 自控成型机单元（图 3-53）一台。

（3）计算机或编程器一台。

（4）安全连线若干条。

（5）PLC 串口通信线一条。

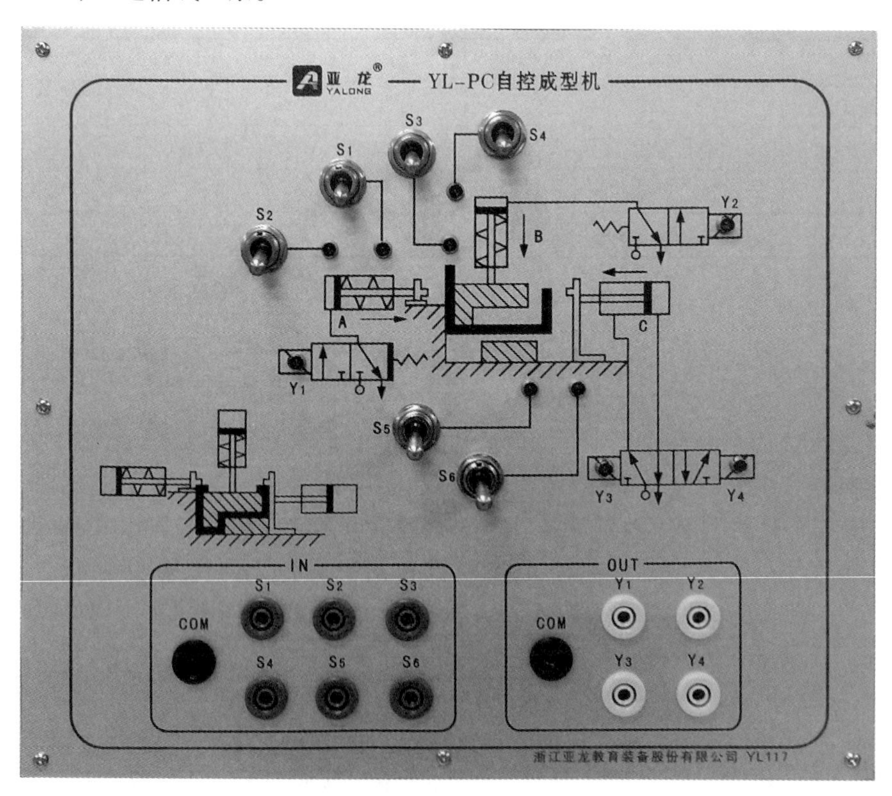

图 3-53　自控成型机单元模块

3. 例题

自控成型机的工作方式：

（1）初始状态，当原料放入成型机时，各油缸的状态为原始位置，对应的电磁阀 Y1、Y2、Y4 关闭，电磁阀 Y3 工作（ON），位置开关 S1、S3、S5 分断（OFF），位置开关 S2、S4、S6 闭合（ON）。

（2）按下启动按钮，电磁阀 Y2=ON 上油缸的活塞向下运动，使位置开关 S4=OFF。当位置开关 S3=ON 时，启动左、右油缸（电磁阀 Y3=OFF；电磁阀 Y1=Y4=ON），A 活塞向右运动，C 活塞向左运动，使位置开关 S2、S6 为 OFF。

（3）当左右油缸的活塞达到终点，此时位置开关 S1、S5 为 ON，原料已成型。然后各油缸开始退回原位，A、B、C 油缸返回（电磁阀 Y1=Y2=Y4=OFF；电磁阀 Y3=ON），使位置开关 S1=S3=S5=OFF。

（4）当 A、B、C 油缸回到原位（位置开关 S2=S4=S6=ON）时，系统回到初始位置，取出成品。

（5）放入原料后，按启动按钮可以重新开始工作。

4. I/O 分配表

自控成形机的 I/O 分配表如表 3-22 所示。

表 3-22　自控成型机 I/O 分配表

输入		输出	
I0.0	启动	Q0.0	电磁阀 1
I0.1	位置开关 S1	Q0.1	电磁阀 2
I0.2	位置开关 S2	Q0.2	电磁阀 3
I0.3	位置开关 S3	Q0.3	电磁阀 4
I0.4	位置开关 S4		
I0.5	位置开关 S5		
I0.6	位置开关 S6		

5. 操作注意

（1）先将 PLC 主机上的电源开关拨到关状态，严格按控制要求接线，注意 12 V 和 24 V 电源的正负不要短接，电路不要短路，否则会损坏 PLC 触点。

（2）将电源线插进 PLC 主机表面的电源孔中，再将另一端插到 220 V 电源插板。

（3）将 PLC 主机上的电源开关拨到开状态，并且必须将 PLC 串口置于 STOP 状态，然后通过计算机或编程器将程序下载到 PLC 中，下载完后，再将 PLC 串口置于 RUN 状态。

（4）按下列步骤进行实训操作：

① PLC 运行前把 S1 ~ S6 拨到 OFF 状态，Y3 亮。

② PLC 运行后，拨上 S2、S4、S6。

③ 拨上再拨下启动开关 I0.0，Y2、Y3 亮。

④ 使 S4=OFF（拨下），S3=ON（拨上），Y1、Y2、Y4 亮。

（5）使 S2=S6=OFF（拨下），使 S1=S5=ON（拨上），Y3 亮。

（6）使 S1=S3=S5=OFF，S2=S4=S6=ON，Y3 灯亮。S1 ~ S6 均各有指示灯，灯亮为 ON，灯灭为 OFF。

6. 思考题

编写一个通过自控成型机编写一个放入十次原料形成十个产品的自控程序 PLC 梯形图。

3.13　自控轧钢机

1. 目的

（1）了解自控轧钢机系统的工作过程。

（2）了解单元板移位寄存/显示电路原理。

（3）掌握编程器的操作以及编程器的输入、检查、修改、下载、上载和运行操作。

2. 设备

（1）PLC 主机单元一台。

（2）PLC 自控轧钢机单元（图 3-54）一台。

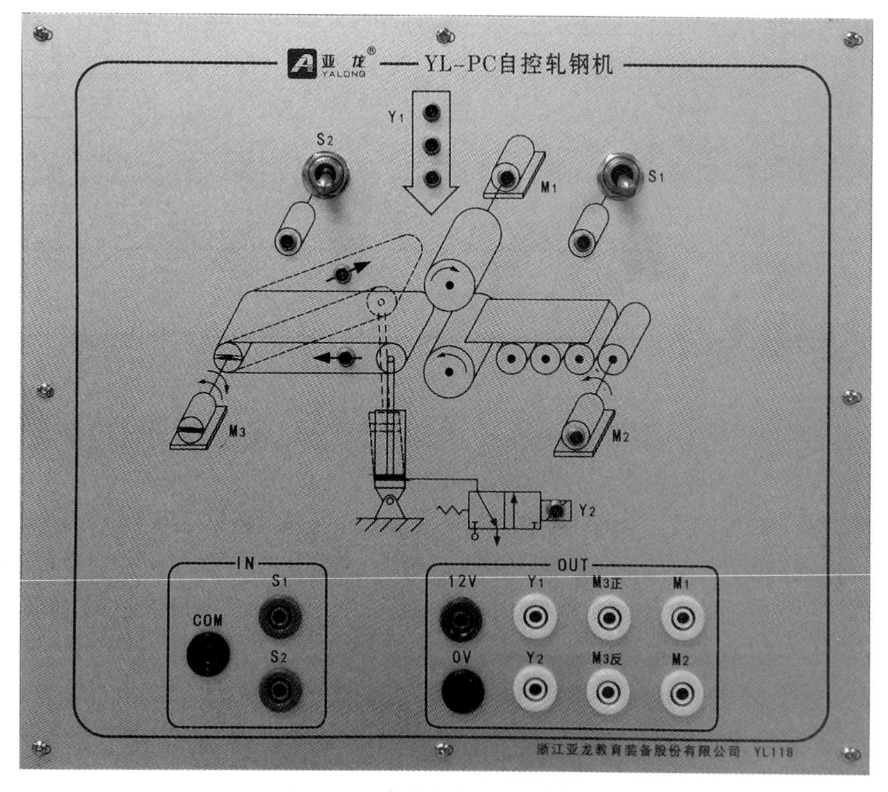

图 3-54　自控轧钢机单元模块

（3）计算机或编程器一台。

（4）安全连线若干条。

（5）PLC 串口通信线一条。

3. **例题**

自控轧钢机控制要求：

当按动启动开关，电机 M1、M2 运行，Y1（第一次）给出向下的轧压量（用一个指示灯亮表示）。用开关 S1 模拟传感器，当传送带上面有钢板时 S1 为 ON。则电机 M3 正转，钢板轧过后，S1 的信号消失（为 OFF）表示钢板到位，电磁阀 Y2 动作，电机 M3 反转，将钢板推回，Y1 第二次给出比 Y1 第一次给出更大的轧压量(用两个指示灯亮表示)，S2 信号消失，S1 有信号电机 M3 正转。当 S1 的信号消失，仍重复上述动作，完成三次轧压。当第三次轧压完成后，S2 有信号，则停机。可以重新启动。

单元板移位寄存/显示电路原理如图 3-55 所示。

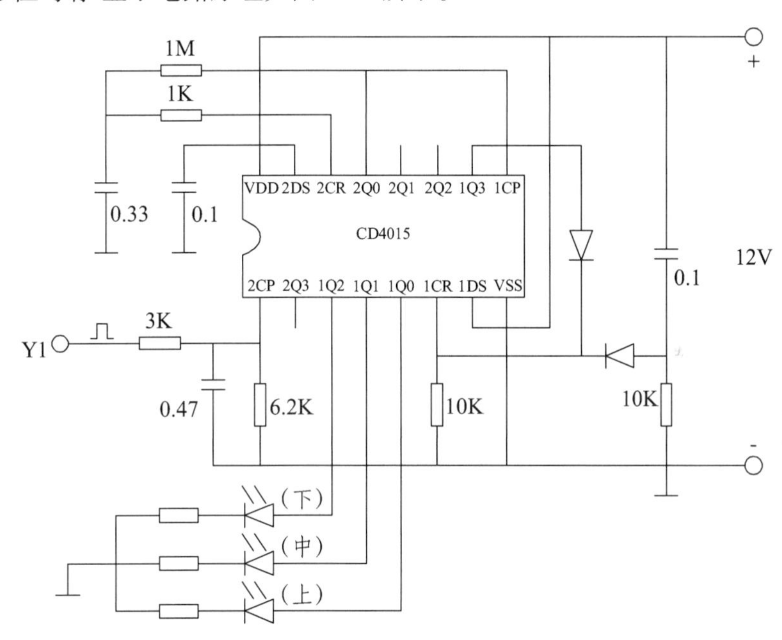

图 3-55　单元板移位寄存/显示电路原理图

集成电路 CD4015 是双 4 位移位寄存器，其引出端功能为：1CP、2CP 是时钟输入端，1CR、2CR 是清零端，1DS、2DS 是串行数据输入端，$1Q_0 \sim 1Q_3$、$2Q_0 \sim 2Q_3$ 是数据输出端，V_{DD} 是正电源，V_{SS} 是地。该电路的时钟输入脉冲信号由 PLCY1 口提供，CD4015 的输出端 $1Q_0 \sim 1Q_2$ 分别驱动轧压量指示灯(三个发光二极管)。电路的工作原理是当脉冲加到 2CP 端，$2Q_0$ 为高电平，其上跳沿一方面为 1CP 提供脉冲前沿，同时经 ICR 端，又将 $2Q_0$ 清零（这样可以滤除 PLC 输出脉冲的干扰信号）。随后 $1Q_0$ 为高电平，驱动 LED（上）亮。当 2CP 再接到脉冲时，$1Q_1$ 为高电平，驱动 LED(中)亮，$1Q_0$ 保持为高电平，如果 2CP 再接到脉冲时，$1Q_2$ 为高电平、驱动 LED（下）亮，$1Q_0$、$1Q_1$ 保持为高电平。其移位过程可以依此类推，当 $1Q_3$ 为高电平时，经二极管使 1CP 清零，$1Q_0 \sim 1Q_3$ 为低电平。该电路可以开机清零。

4. I/O 分配表

自控轧钢机的 I/O 分配表如表 3-23 所示。

表 3-23　自控轧钢机 I/O 分配表

输入		输出	
I0.0	启动	Q0.0	扎压量 Y1
I0.1	传感器 S1	Q0.1	电磁阀 Y2
I0.2	传感器 S2	Q0.2	电机 M1
		Q0.3	电机 M2
		Q0.4	电机 M3 正转
		Q0.5	电机 M3 反转

5. 操作注意

（1）先将 PLC 主机上的电源开关拨到关状态，严格按控制要求接线，注意 12 V 和 24 V 电源的正负不要短接，电路不要短路，否则会损坏 PLC 触点。

（2）将电源线插进 PLC 主机表面的电源孔中，再将另一端插到 220 V 电源插板。

（3）将 PLC 主机的电源开关拨到开状态，并且必须将 PLC 串口置于 STOP 状态，然后通过计算机或编程器将程序下载到 PLC 中，下载完后，再将 PLC 串口置于 RUN 状态。

（4）按照下列步骤进行实训操作：

① 先拨上后拨下 I0.0，Y1、M1、M2 灯亮。

② 先拨上 S1，后拨下 S1，Y1、M1、M2 以及向左灯亮（M3 正转）。

③ 先拨上 S2，后拨下 S2，Y1 两个灯、Y2 及向右箭头灯亮（M3 反转）。

④ 先拨上 S1，后拨下 S1，Y1 两个灯、M1、M2 以及向左箭头灯亮（M3 正转）。

⑤ 先拨上 S2，后拨下 S2，Y1 三个灯、Y2 及向右箭头灯亮（M3 反转）。

⑥ 先拨上 S1，后拨下 S1，M1、M2 及向左箭头灯亮（M3 正转）。

6. 思考题

（1）当按动启动开关，电机 M1、M2 运行，5 s 后 Y1（第一次）给出向下的轧压量。

（2）开关 S1 模拟传感器，当传送带上面有钢板时 S1 为 ON。则电机 M3 5 s 后正转，钢板轧过后，S1 的信号 3 s 后消失

（3）仍重复上述动作，完成三次轧压。当第三次轧压完成后，S2 有信号，则停机，可以重新启动。

3.14　四层电梯控制

1. 目的

（1）熟悉电梯的工作原理。

（2）掌握多输入量、多输出量、逻辑关系较复杂的程序控制。

（3）掌握梯形图的编程方法和理解指令程序的编法。

（4）掌握编程器的基本操作以及编程器的输入、检查、修改和运行操作。

2. 设备

（1）PLC-主机单元一台。

（2）四层电梯控制单元（图 3-56）一台。

（3）编程器或计算机一台。

（4）安全连线若干条。

（5）PLC 串口通信线一条。

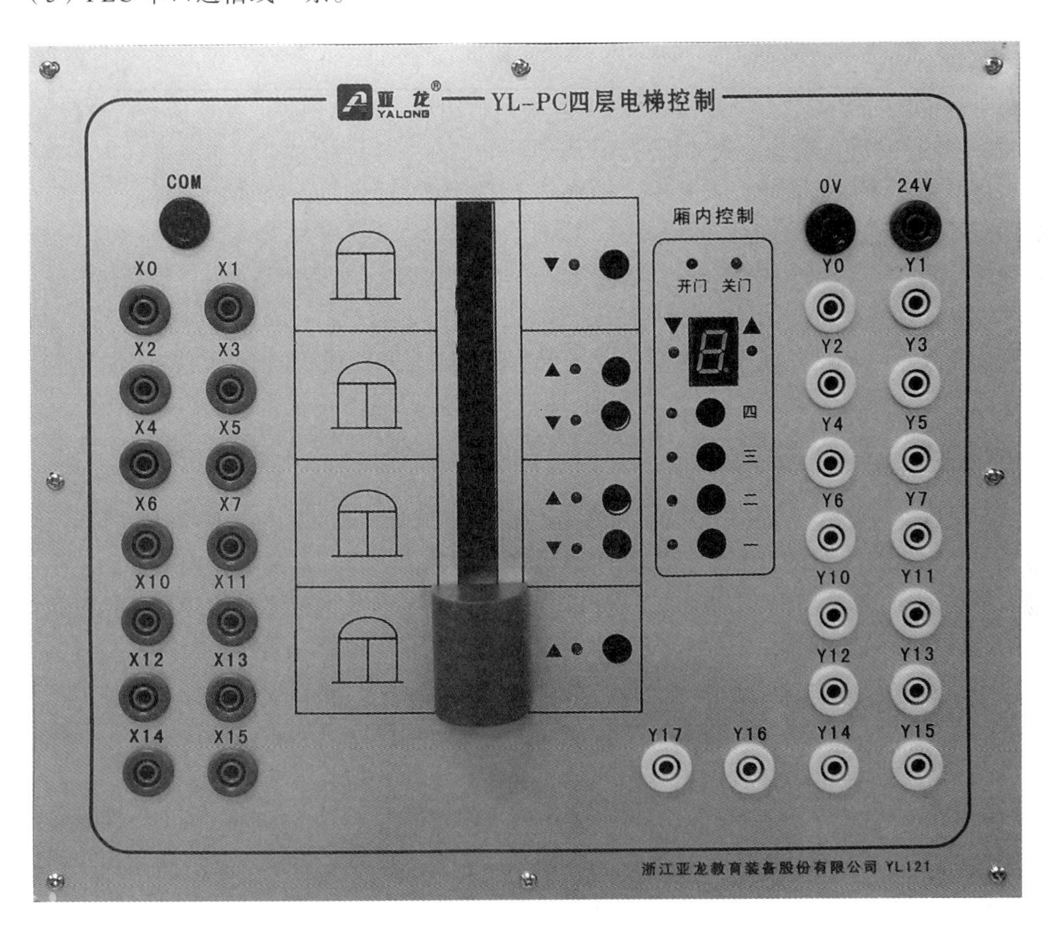

图 3-56　四层电梯控制单元模块图

3. 例题

1）电梯输入信号及其意义

（1）位置信号。

位置信号由安装于电梯停靠位置的 4 个传感器 SQ1 ~ SQ4 产生。平时为 OFF，当电梯运行到该位置时 ON。

（2）指令信号。

指令信号有 4 个，分别由“一至四”（K7～K10）4 个指令按钮产生。按某按钮，表示电梯内乘客欲往相应楼层。

（3）呼梯信号。

呼梯信号有 6 个，分别由 K1～K6 个呼梯按钮产生。按呼梯按钮，表示电梯外乘客欲乘电梯。例如，按 K3 则表示二楼乘客欲往上，按 K4 则表示三楼乘客欲往下。

2）电梯输出信号及其意义

（1）运行方向信号。

运行方向信号有两个，由两个箭头指示灯组成，显示电梯运行方向。

（2）指令登记信号。

指令登记信号有 4 个，分别由 L11～L14 指示灯组成，表示相应的指令信号已被接受（登记）。指令执行完后，信号消失（消号）。例如，电梯在二楼，按“三”表示电梯内乘客欲往三楼，则 L12 亮表示该要求已被接受。电梯向上运行到三楼停靠，此时 L12 灭。

（3）呼梯登记信号。

呼梯登记信号有 6 个，分别由 L1～L6 指示灯组成，其意义与上述指令登记信号相类似。

（4）楼层数显信号。

该信号表示电梯目前所在的楼层位置。由七段数码显示构成，LEDa～LEDg 分别代表各段笔画。

3）模拟电梯运行原则

（1）接收并登记电梯在楼层以外的所有指令信号、呼梯信号，给予登记并输出登记信号。

（2）根据最早登记的信号，自动判断电梯是上行还是下行，这种逻辑判断称为电梯的定向。电梯的定向根据首先登记信号的性质可分为两种。一种是指令定向，指令定向是把指令指出的目的地与当前电梯位置比较得出“上行”或“下行”结论。例如，电梯在二楼，指令为一楼则向下行；指令为四楼则向上行。第二种是呼梯定向，呼梯定向是根据呼梯信号的来源位置与当前电梯位置比较，得出“上行”或“下行”结论。例如，电梯在二楼，三楼乘客要向下，则按 AX3，此时电梯的运行应该是向上到三楼接乘客，所以电梯应向上。

（3）电梯接收到多个信号时，采用首个信号定向，同向信号先执行，一个方向任务全部执行完后再换向。例如，电梯在三楼，依次输入二楼指令信号、四楼指令信号、一楼指令信号。如用信号排队方式，则电梯下行至二楼→上行至四楼→下行至一楼。而用同向先执行方式，则为电梯下行至二楼→下行至一楼→上行至四楼。显然，第二种方式往返路程短，因而效率高。

（4）具有同向截车功能。例如，电梯在一楼，指令为四楼则上行，上行中三楼有呼梯信号，如果该呼梯信号为呼梯向上（K5），则当电梯到达三楼时停站顺路载客；如果呼梯信号为呼梯向下（K4），则不能停站，而是先到四楼后再返回到三楼停站。

（5）一个方向的任务执行完要换向时，依据最远站换向原则。例如，电梯在一楼根据二楼指令向上，此时三楼、四楼分别有呼梯向下信号。电梯到达二楼停站，下客后继续向上。如果到三楼停站换向，则四楼的要求不能兼顾，如果到四楼停站换向，则到三楼可顺向接车。

4. I/O 分配表

四层电梯控制的 I/O 分配表如表 3-24 所示。

表 3-24　四层电梯 I/O 分配表

输入		输出	
I0.0	一楼位置开关 SQ1	Q0.0	上行指示
I0.1	二楼位置开关 SQ2	Q0.1	下行指示
I0.2	三楼位置开关 SQ3	Q0.2	上行驱动
I0.3	四楼位置开关 SQ4	Q0.3	下行驱动
I0.4	一楼指令开关 K10	Q0.4	一楼指令登记
I0.5	二楼指令开关 K9	Q0.5	二楼指令登记
I0.6	三楼指令开关 K8	Q0.6	三楼指令登记
I0.7	四楼指令开关 K7	Q0.7	四楼指令登记
I1.0	一楼上行按钮 K1	Q1.0	一楼上行呼梯登记
I1.1	二楼上行按钮 K3	Q1.1	二楼上行呼梯登记
I1.2	三楼上行按钮 K5	Q1.2	三楼上行呼梯登记
I1.3	二楼下行按钮 K2	Q1.3	二楼下行呼梯登记
I1.4	三楼下行按钮 K4	Q1.4	三楼下行呼梯登记
I1.5	四楼下行按钮 K6	Q1.5	四楼下行呼梯登记
		Q1.6	开门模拟
		Q1.7	关门模拟

5. 操作注意

（1）先将 PLC 主机上的电源开关拨到关状态，严格按控制要求接线，注意 12 V 和 24 V 电源的正负不要短接，电路不要短路，否则会损坏 PLC 触点。

（2）将电源线插进 PLC 主机表面的电源孔中，再将另一端插到 220 V 电源插板。

（3）PLC 主机的电源开关拨到开状态，并且必须将 PLC 串口置于 STOP 状态，然后通过计算机或编程器将程序下载到 PLC 中，下载后，再将 PLC 串口置于 RUN 状态。

（4）按照实训原理工作方式操作，观察实训现象。

6. 思考题

（1）任何一层的乘客按下对应楼层电梯会做出相应反应并正常工作。

（2）会根据乘客先后顺序判断电梯的运行方向。

（3）没有相应要求时电梯回到一楼并打开电梯门。

3.15 步进电机控制

1. 目的

（1）了解步进电动机的工作原理。

（2）理解使用步进梯形指令编程的方法。

（3）理解用梯形图编程的方法和了解指令程序编法。

（4）掌握 I/O 口的分配和 I/O 口的接法。

（5）掌握编程器的基本操作以及编程器的输入、检查、修改和运行操作。

2. 设备

（1）PLC-主机单元一台。

（2）PLC-步进电动演示板单元（图 3-57）一台。

（3）计算机或编程器一台。

（4）安全连线若干条。

（5）PLC 串口通信线一条。

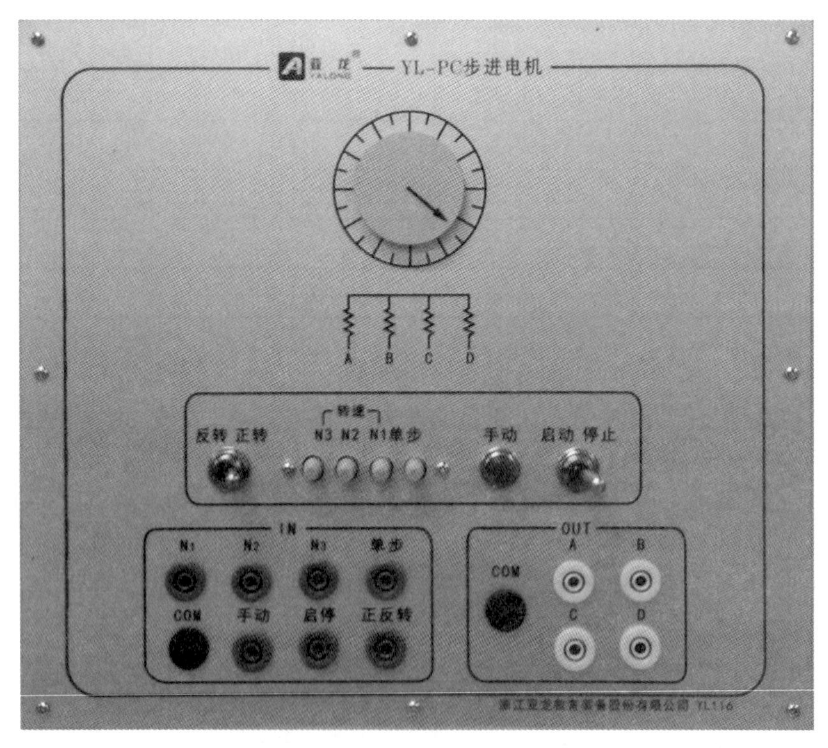

图 3-57　步进电动演示板单元模块图

3. 例题

1）步进电机控制要求

步进电机的控制方式是采用四相双四拍的控制方式，每步旋转 15°，每周走 24 步。电机正转时的供电时序如图 3-58 所示。

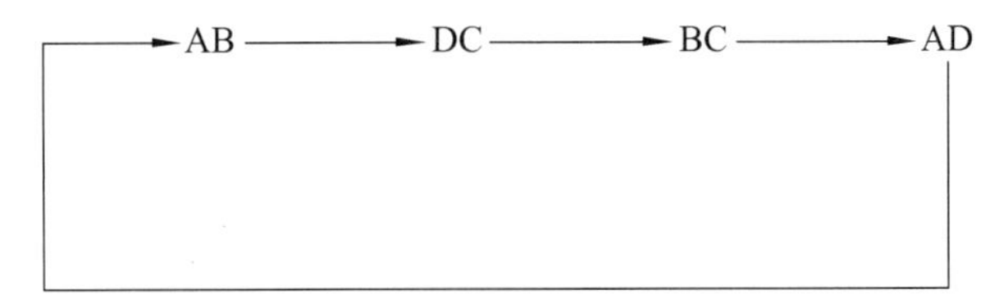

图 3-58　电机正转时序图

电机反转时供电时序如图 3-59 所示。

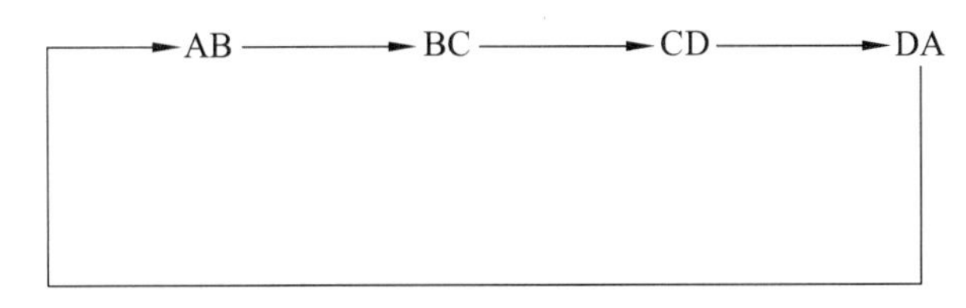

图 3-59　电机反转时序图

2）步进电机单元开关功能

（1）启动/停止开关——控制步进电机启动或停止。

（2）正转/反转开关——控制步进电机正转或反转。

（3）速度开关——控制步进电机连续运行和单步运行，其中 S 挡为单步运行；N3 为高速运行；N2 为中速运行；N1 为低速运行。

（4）单步按钮开关，当速度开关置于速度 S 挡时，按一下单步按钮，电机运行一步。

4. I/O 分配表

步进电机的 I/O 分配表如表 3-25 所示。

表 3-25　步进电机 I/O 分配表

输入		输出	
I0.0	正反转按钮	Q1.0	A 相
I0.1	速度 3 挡	Q1.1	B 相
I0.2	速度 2 挡	Q1.2	C 相
I0.3	速度 1 挡	Q1.3	D 相
I0.5	手动按钮		
I0.6	启动/停止按钮		
I0.7	单步按钮		

5. 操作注意

（1）先将 PLC 的电源开关拨到关状态，严格按图 3-3-2 所示接线，注意 12 V 和 24 V 电源的正负不要短接，电路不要短路，否则会损坏 PLC 触点。

（2）将电源线插进 PLC 主机表面的电源孔中，再将另一端插到 220 V 电源插板。

（3）将 PLC 主机上的电源开关拨到开状态，并且必须将 PLC 串口置于 STOP 状态，然后通过计算机或编程器将程序下载到 PLC 中，下载完后，再将 PLC 串口置于 RUN 状态。

（4）按下列步骤进行实训操作：

① 将正转/反转开关设置为“正转”。

② 分别选定速度挡位 N1、N2 和 N3，然后将启动/停止开关置为“启动”，观察电进电动机如何运行。按停止按钮，使电机停转。

③ 将正转/反转开关设置为“反转”，重复（2）的操作。

④ 选定 S 挡，进入手动单步方式，启动/停止开关设置为“启动”时，每按一下单步按钮，电机进一步。启动/停止开关设置为“停止”，使步进电机退出工作状态。尝试正反转。在没有按下单步挡 S 时，直接按手动也是单步运行。

6. 思考题

（1）编写一个使步进电机正转 5 s，反转 5 s 的循环程序

（2）编写一个使步进电机正转 3.5 圈，反转 3 圈的循环程序。

第 4 章　组态技术

监控组态软件已经成为工业自动化系统的必要组成部分，即“基本单元”或“基本元件”，因此吸引了大型自动化公司纷纷投资开发自有知识产权的组态软件，以期依靠强大的市场产生大批量的销售，从中获取利润。作为自动化通用型工具软件，组态软件在自动化系统中始终处于“承上启下”的地位。用户在工业信息化的项目中，如果涉及实时数据采集，首先会考虑使用组态软件。正因如此，组态软件几乎应用于所有的工业信息化项目当中。应用的多样性，给组态软件的性能指标、使用方式、接口方式都提出了很多新的要求，也存在一些挑战。这些需求对组态软件系统结构带来的冲击是巨大的，对组态软件的技术发展起到关键的促进作用。

目前在国内外市场占有率较高的监控组态软件分别是 G E Fanuc 的 iFix、Wonderware 的 Intouch、西门子 WinCC、Citect 和 LabView 等。中国大陆厂商以力控、亚控等为主，除此外尚有 5～10 个厂商从事监控组态软件业务，在国内市场上，高端市场仍被国外产品垄断。国内产品已经开始抢占一些高端市场，并且所占比例在逐渐增长。本章介绍以亚控-组态王为主。

4.1　市场上常用的触摸屏软件

1. WinCC flexible

WinCC flexible，德国西门子公司工业全集成自动化（TIA）的子产品，一款面向机器的自动化概念的组态软件。用于组态用户界面以操作监视机器设备。人机界面是操作员与机器/设备之间的接口。PLC 是控制过程的实际单元。

HMI 系统承担下列任务：

- 过程可视化；
- 操作员对过程的控制；
- 显示报警：归档过程值和报警；
- 过程值和报警记录；
- 过程和设备的参数管理。

SIMATIC HMI 提供了一个全集成的单源系统，用于各种形式的操作员监控任务。使用 SIMATIC HMI，用户可以始终控制过程并使机器和设备持续运行。

优点：多功能通用的应用程序，适合所有工业领域的解决方案；多语言支持，全球通用；可以集成到所有自动化解决方案内；内置操作和管理功能，可简单、有效地进行组态；采用开放性标准，集成简便；作为 IT 和商务集成的平台；可用选件和附加件进行扩展；适用于所有工业和技术领域的解决方案。WinCC 集生产自动化和过程自动化于一体，实现了相互之间的整合。

2. Intouch

Intouch 是一种工业自动化组态软件，为以工厂和操作人员为中心的制造信息系统提供了可视化工具。这些制造信息系统集成了操作人员所必需的各种信息，可以在工厂内部和各工厂之间共享。

InTouch HMI 软件用于可视化和控制工业生产过程。它为工程师提供了一种易用的开发环境和广泛的功能，使工程师能够快速地建立、测试和部署强大的连接和传递实时信息的自动化应用。InTouch 软件是一个开放的、可扩展的人机界面，为定制应用程序设计提供了灵活性，同时为工业中的各种自动化设备提供了连接能力。

其主要特点是：

（1）经过了完备的测试和运行考验。目前世界上有数十万套的 InTouch 系统在运行，因而该软件的可靠性和稳定性是非常高的。

（2）最大限度的开放性。InTouch 的运行环境是 Win98/95/NT，基本的通信格式包括“快速 DDE”和 SuiteLink。许多 Win95/98/NT 下运行的软件都可以与 InTouch 直接通信。InTouch 提供了广泛的通信协议转换接口——I/O Server，能方便地连接到各种控制设备，包括：Siemens、Modicon 等，同时也提供了一个工具软件，帮助编写通信协议转换软件。

（3）具有强大的网络功能，可与本机和其他计算机中的应用程序实时交换数据。支持标准的 ActiveX 技术，使得用户可以轻松地为自己的应用程序开发各种网络多媒体功能。

（4）数据库功能。支持 SQL 语言，可以方便地与其他数据库连接。同时，支持通过 ODBC 访问各种类型的数据库，便于系统的综合管理。

3. iFIX

iFIX 是全球最领先的 HMI/SCADA 自动化监控组态软件，已有超过 300 000 套以上的软件在全球运行。iFIX 独树一帜地集强大功能、安全性、通用性和易用性于一身，使之成为任何生产环境下全面的 HMI/SCADA 解决方案。利用 iFIX 各种领先的专利技术，可以帮助企业更快地制定出更有效的商业及生产决策，以使企业具有更强的竞争力。

GE 智能平台（GE-IP）的 iFIX 是世界领先的工业自动化软件解决方案，提供了生产操作的过程可视化、数据采集和数据监控。iFIX 可以精确地监视、控制生产过程，并优化生产设备和企业资源管理，同时能够对生产事件快速反应，减少原材料消耗，提高生产率。

iFIX 是过程处理及监控产品中的一个核心组件，是为过程管理度身定造的解决方案。iFIX 为数据采集及管理企业级的生产过程提供一整套的解决方案。

特点：易于扩展；分布式结构；具向导和专家；编辑对象组；系统对比图；Intellution 工作台；全面支持 ActiveX 控件；VisiconX；对象与对象的连接；标签组编辑器；调度处理器；功能键编辑器；在线组态；历史数据；趋势显示；灵活报表；报警管理；画面缓存；iFIX 实时显示；高性能和开放性；全局技术； iCore 框架；OPC（OLE for Process Control）；支持 ODBC/SQL；备份恢复；使用 VBA 构造图符；安全管理；强大的冗余功能；捕捉签名。

4. 组态王 kingview

组态王 kingview 是面向低端自动化市场及应用，以实现企业一体化为目标开发的一套产品。对亚控科技自主研发的工业实时数（KingHistorian）的支持，可以为企业提供一个对整个生产流程进行数据汇总、分析及管理的有效平台，使企业能够及时有效地获取信息，及时地做出反应，以获得最优化的结果。

特点：它具有适应性强、开放性好、易于扩展、经济、开发周期短等优点，为试验者提供了可视化监控画面，有利于试验者实时现场监控。充分利用 Windows 的图形编辑功能，方便地构成监控画面，并以动画方式显示控制设备的状态，具有报警窗口、实时趋势曲线等，可便利的生成各种报表。它具有丰富的设备驱动程序和灵活的组态方式、数据链接功能。

可视化操作界面：自动建立 I/O 点；分布式存储报警和历史数据；设备集成能力强，可连接几乎所有设备和系统。

核心性能：流程图监控功能；完整的脚本编辑功能；实时趋势监视功能；全面报警功能；历史数据管理功能；报表展示功能；历史数据查询功能；历史趋势图纸。

4.2 组态王 6.55 介绍

4.2.1 定义

组态王，即组态王开发监控系统软件，是新型的工业自动控制系统，它以标准的工业计算机软、硬件平台构成的集成系统取代传统的封闭式系统。亚控科技根据当前的自动化技术的发展趋势，面向低端自动化市场及应用，以实现企业一体化为目标开发的一套产品，如图 4-1 所示。

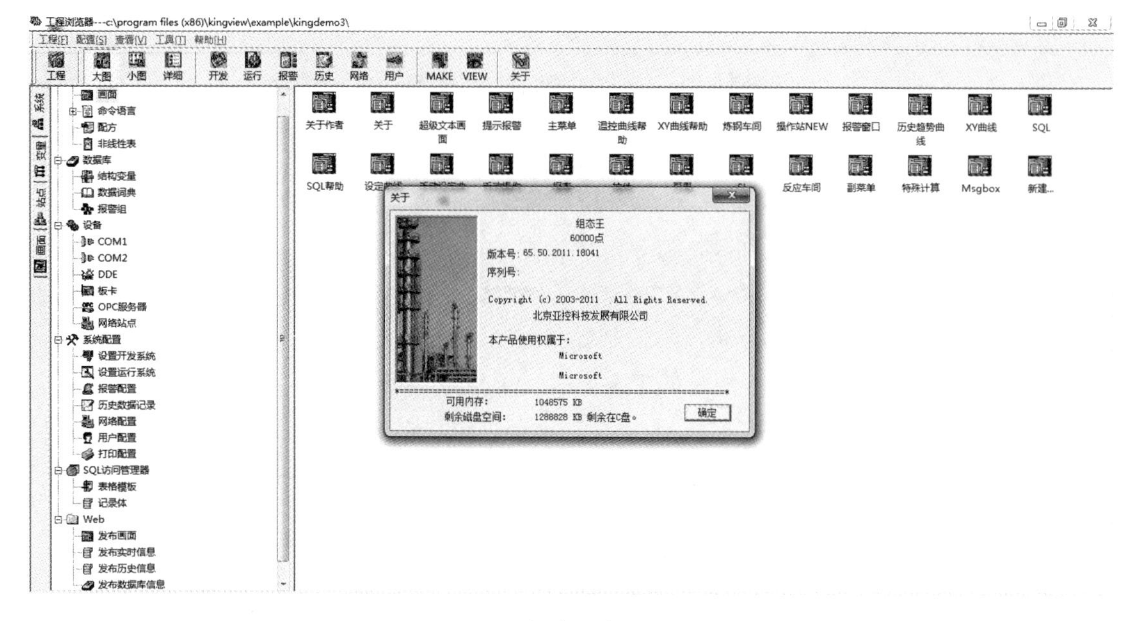

图 4-1 组态王操作界面

4.2.2 软件包的组成

组态王 Kingview V6.55 软件由以下三部分组成：

- 工程管理器（ProjManager）;
- 工程浏览器（TouchExplorer）;
- 画面运行系统（TouchView）。

注意：在“组态王”软件中，用户建立的每一个应用程序称为一个工程。每个工程必须在一个独立的目录下，不同的工程不能用一个目录。在每个工程的路径下，生成了一些重要的数据文件，这些数据文件不允许直接修改，必须通过工程管理器或工程浏览器来修改。

4.2.3 特点

它具有适应性强、开放性好、易于扩展、经济、开发周期短等优点。通常我们可以把这样的系统划分为控制层、监控层、管理层三个层次结构。

4.2.4 编制应用程序过程注意事项

用组态王开发系统编制应用程序过程中要考虑以下三个方面：

（1）图形，是用抽象的图形画面来模拟实际的工业现场和相应的工控设备。

（2）数据，就是创建一个具体的数据库，并用此数据库中的变量描述工控对象的各种属性，比如水位、流量等。

（3）连接，就是画面上的图素以怎样的动画来模拟现场设备的运行，以及怎样让操作者输入控制设备的指令。

4.2.5 性能

流程图监控功能、完整的脚本编辑功能、实时趋势监视功能、全面报警功能、历史数据管理功能、表展示功能、历史数据查询功能、历史趋势图纸。

4.3 组态王 6.55 和西门子 S7-200 Smart PLC 以太网（TCP）通信

（1）在组态王中新建一个工程，进入该工程找到板卡点击新建，如图 4-2、4-3 所示。

图 4-2 组态王工程创建

图 4-3　工程浏览器界面图

（2）点击 PLC 找到西门子 S7-200 TCP，如图 4-4 所示。

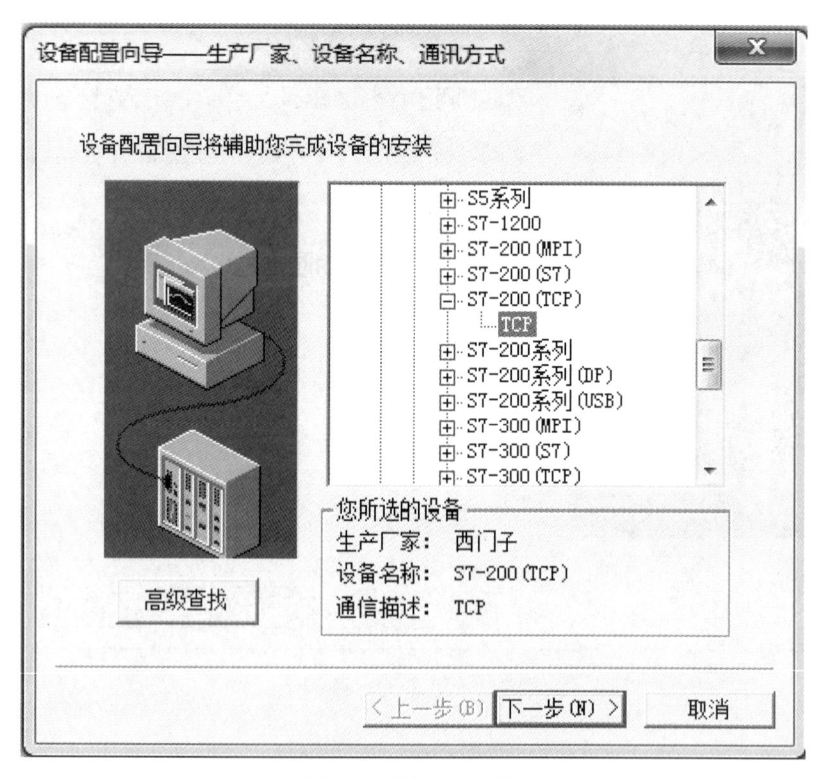

图 4-4　设置配置图

（3）再点击下一步到设备地址输入：192.168.2.1：0（注意：“:”冒号要在英文状态下编写）进入画面，如图 4-5 所示。

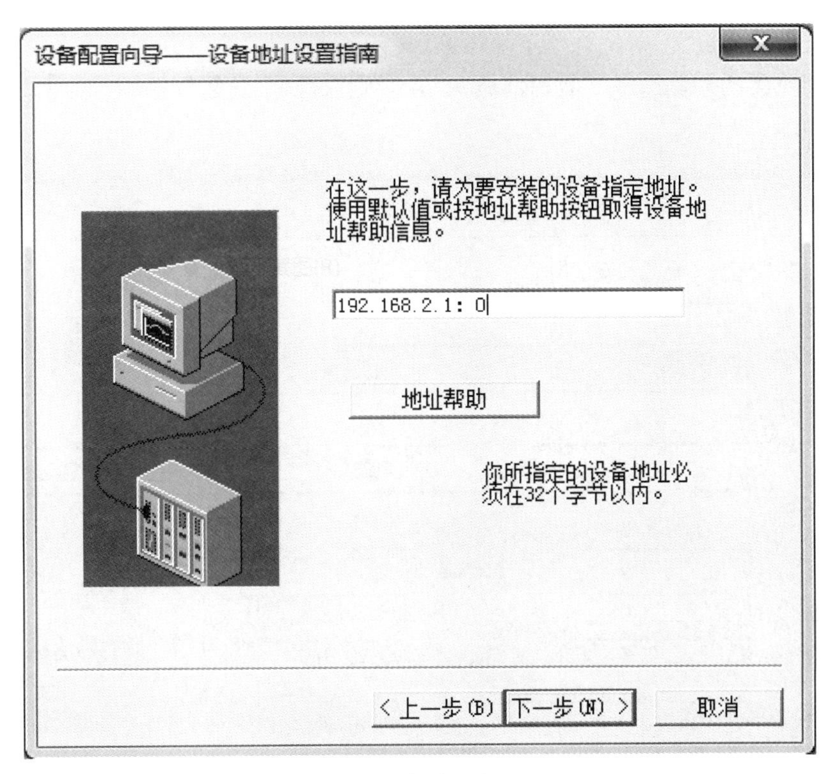

图 4-5　设备地址设置图

（4）设置完成，如图 4-6 所示。

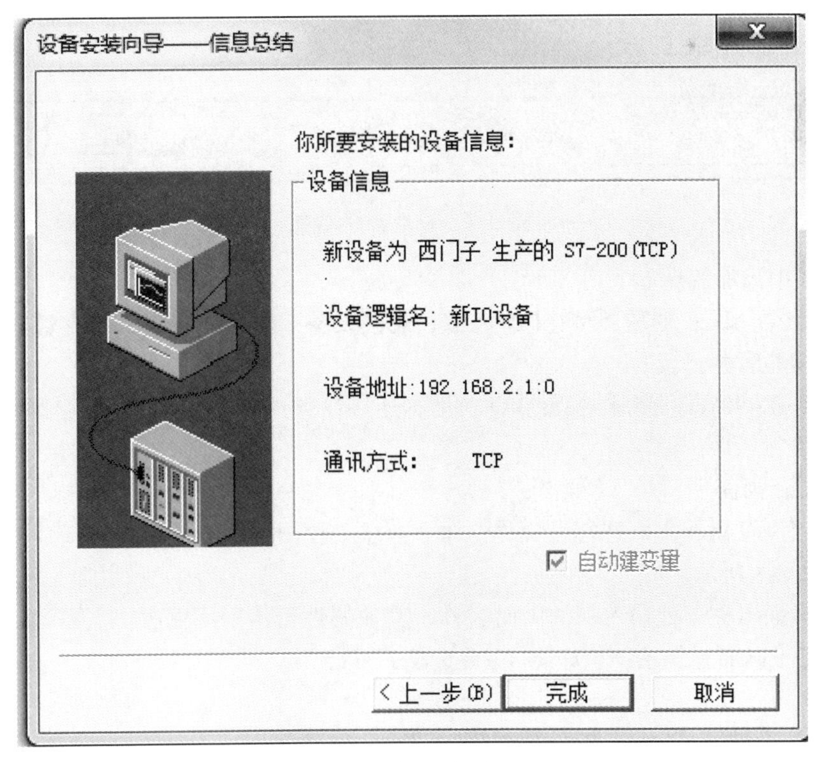

图 4-6　设置完成图

（5）定义数据变量。

在工程浏览器的左侧选择“数据词典”，在右侧双击 “新建”图标，弹出“变量属性”的对话框，如图 4-7 所示。

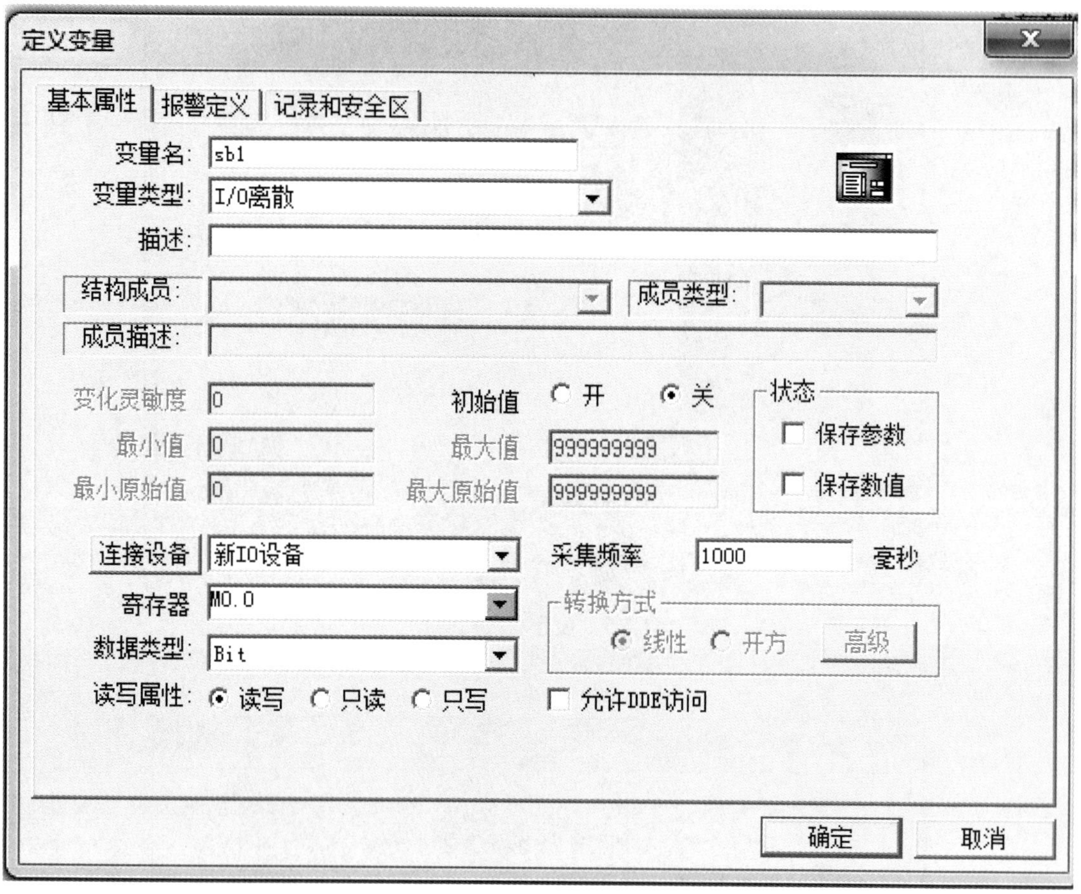

图 4-7　设置数据变量

在对话框中添加变量如下：

（1）变量名：sb1；变量类型：I/O 离散；连接设备：新 I/O 设备；寄存器：M0.0；数据类型：Bit；读写属性：读写。

（2）变量名：KM1；变量类型：I/O 离散；连接设备：新 I/O 设备；寄存器：Q0.0；数据类型：Bit；读写属性：读写。

（6）定义新画面。

① 在工程浏览器的左侧选择“文件\画面”，在工程浏览器右侧双击“新建”图标，弹出对话框，如图 4-8 所示。

② 在“画面名称”处输入新的画面名称，其他属性目前不用更改。点击“确定”按钮进入内嵌的组态王画面开发系统，如图 4-9 所示。

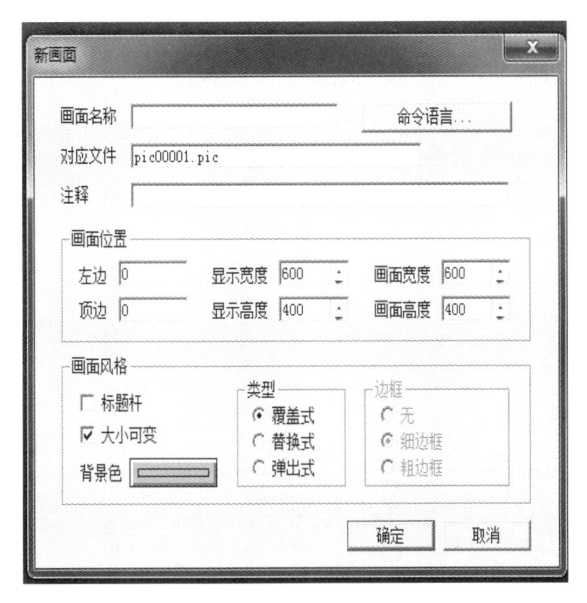

图 4-8　新建画面

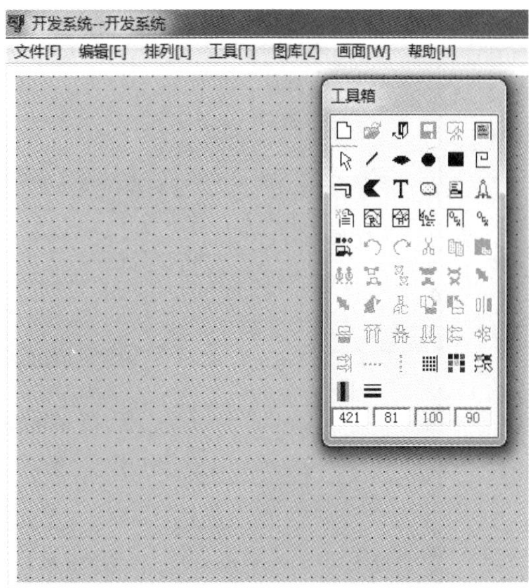

图 4-9　组态王开发系统

③ 在组态王开发系统中从“工具箱”中分别选择“按钮”和“椭圆”“文本”图标，绘制一个椭圆对象和一个按钮对象、一个文本对象，如图 4-10 所示。

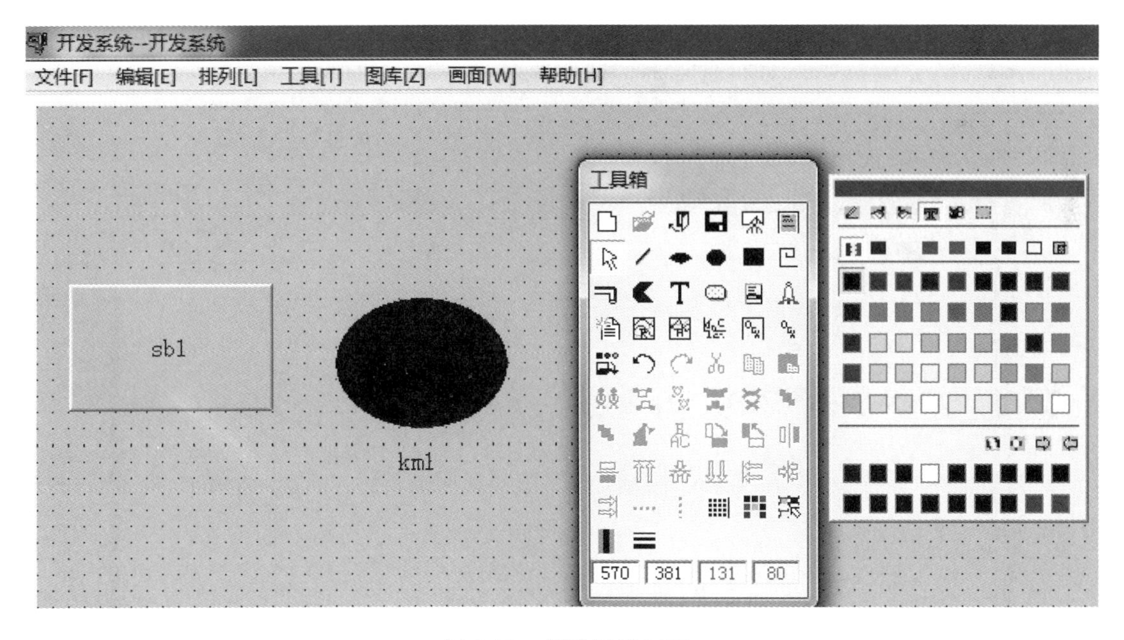

图 4-10　创建图形画面

④ 画面绘制完成后全部保存，然后传变量，双击 sb1\椭圆，后弹出“动画连接”对话框，然后选中“按下时”和“弹起时”，如图 4-11 所示。

点击按下时，弹出“命令语言”对话框，如图 4-12 所示。

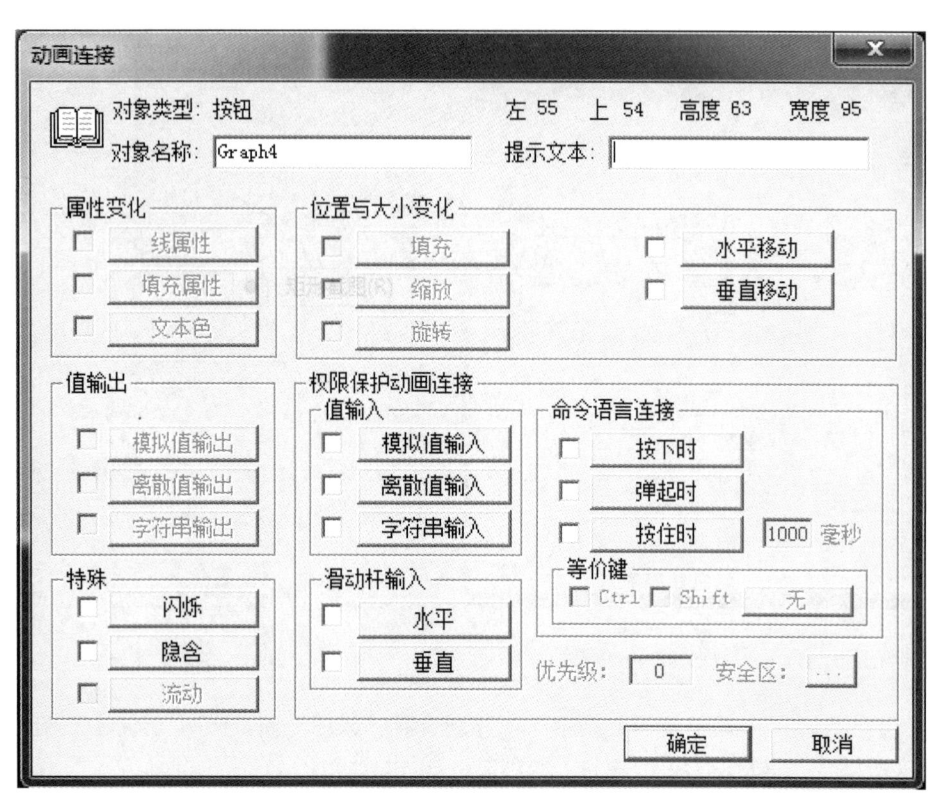

图 4-11　动画连接图

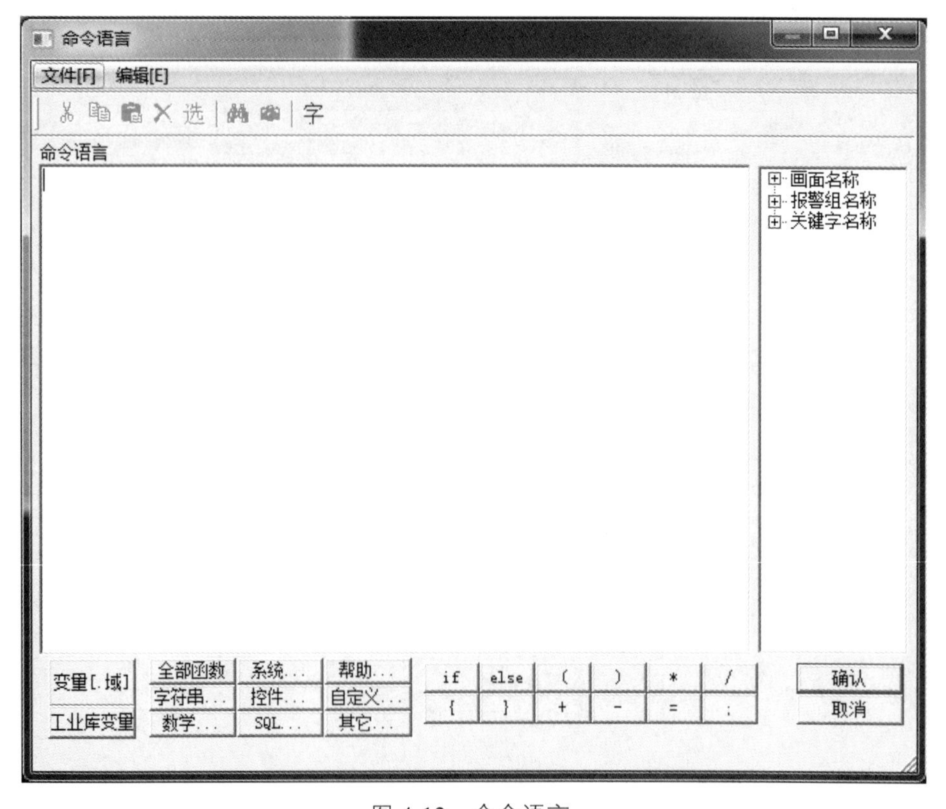

图 4-12　命令语言

点击变量（域）点击之前创建的变量，后点确定，如图 4-13、4-14 所示。

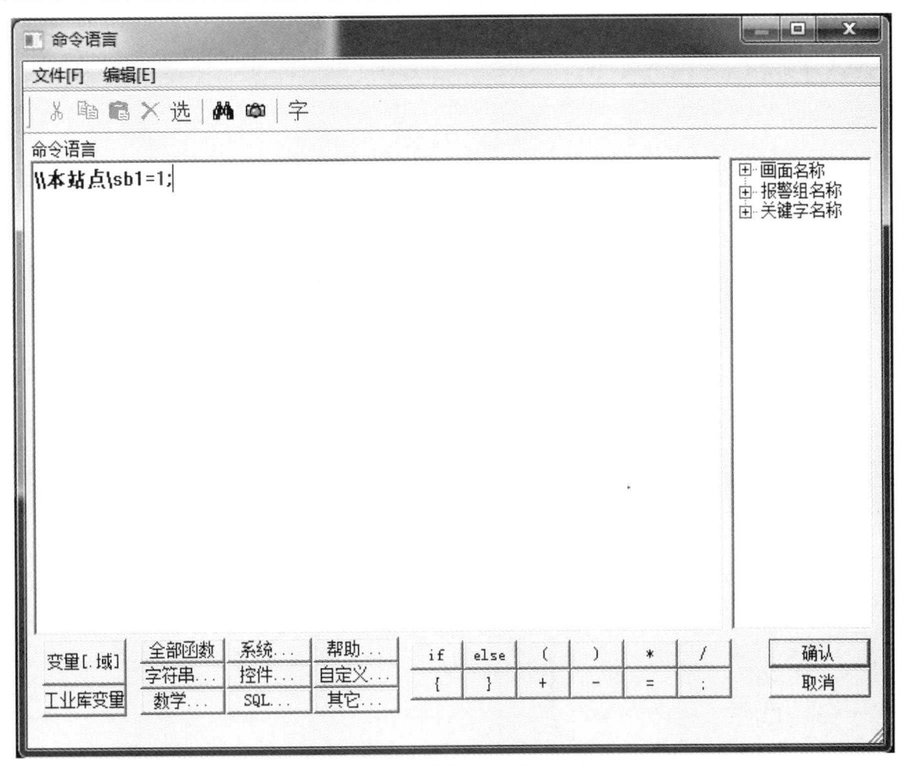

图 4-13　按钮 sb1 按下时

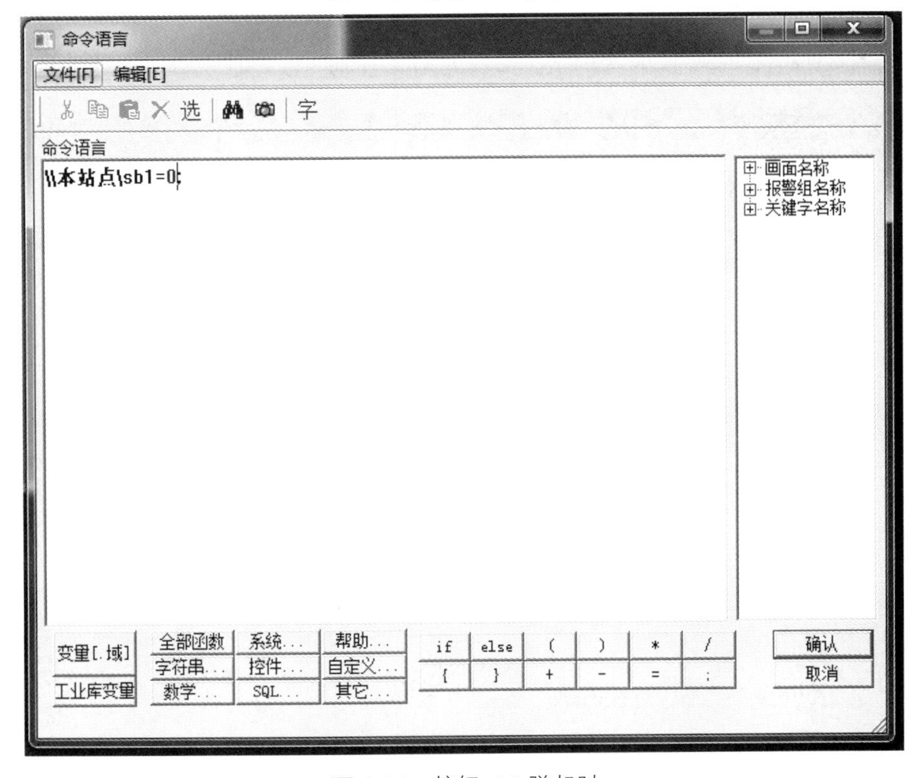

图 4-14　按钮 sb1 弹起时

椭圆传变量的方法和按钮 sb1 一样，命令语言如下：

按下时：\\本站点\km1=1;

弹起时：\\本站点\km1=0;

注意：传完变量后全部保存。

（6）编写 smart 程序（m0.0/Q0.0）下载，如图 4-15 所示。

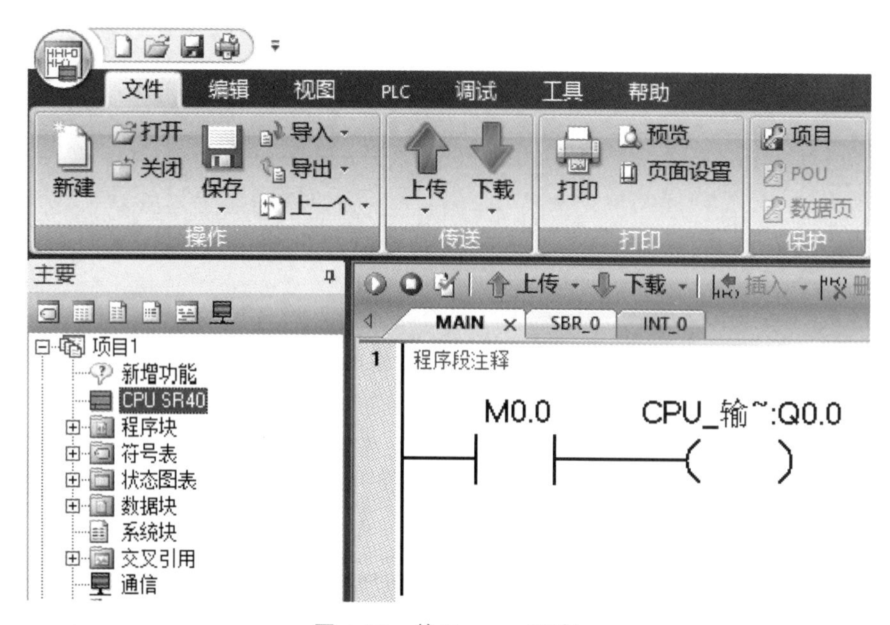

图 4-15　编写 smart 程序

（7）PLC 进行通信连接，下载程序，运行如图 4-16 所示。

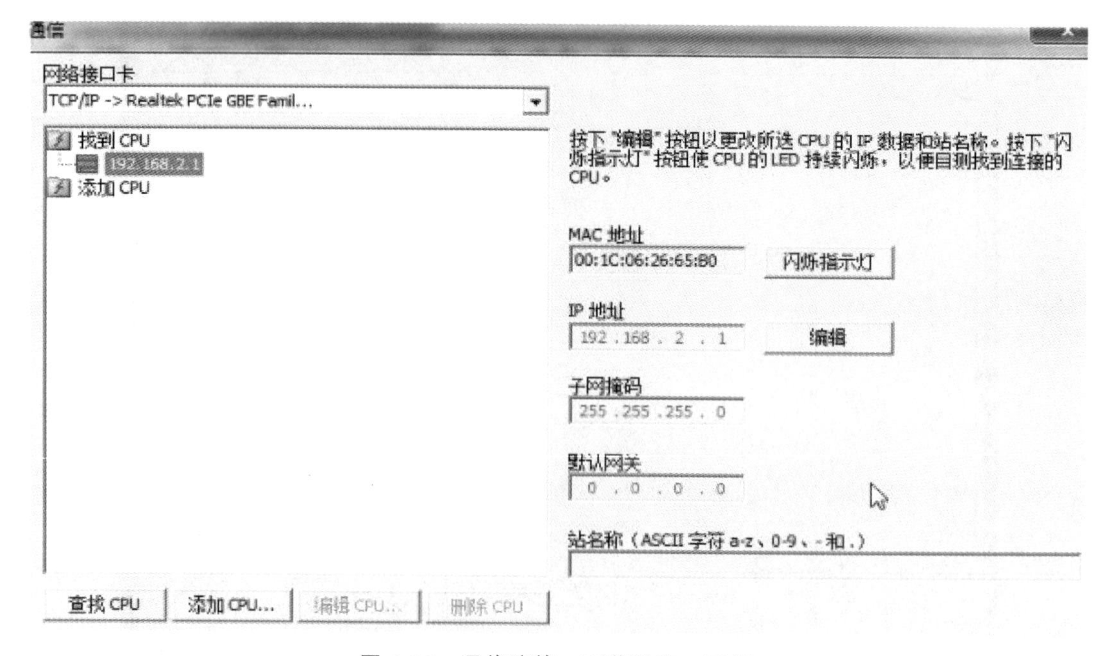

图 4-16　通信连接，下载程序，运行

4.4 组态王 6.55 和西门子 S7-200 Smart PLC 实操例题

4.4.1 三相电动机的顺序控制

例题：

有一台三相异步交流电动机，需实现正反转，其控制要求如下：

（1）工作过程。

当按下正转启动按钮 SB1 时，电机开始正转，当按下反转按钮 SB2 时，电机开始反转。

（2）停止过程。

任何时候，按下停止按钮 SB3，电动机停止运行。

（3）报警及保护。

在系统中有急停保护按钮 ES 和电动机过载保护继电器 FR。如果电动机运行过程中按下急停按钮，或者电动机发生过载，则电动机立即停止运转，同时报警指示灯 HL1 以 1Hz（50% 占空比）的频率闪烁。系统中有报警解除按钮，如果系统发生报警，按下此按钮，报警指示灯熄灭。

1. 建立新工程

建立新画面如图 4-17 所示。

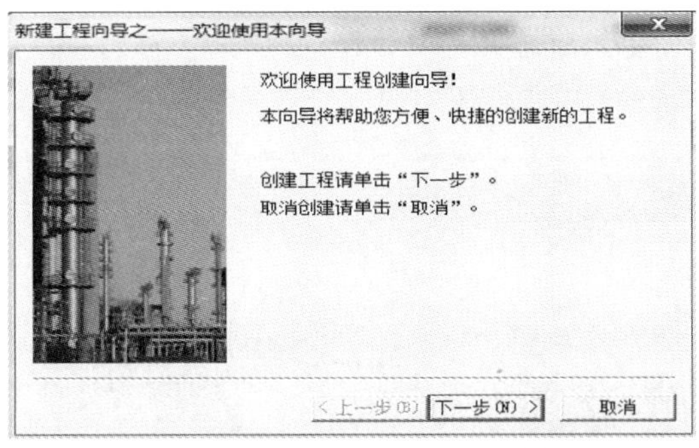

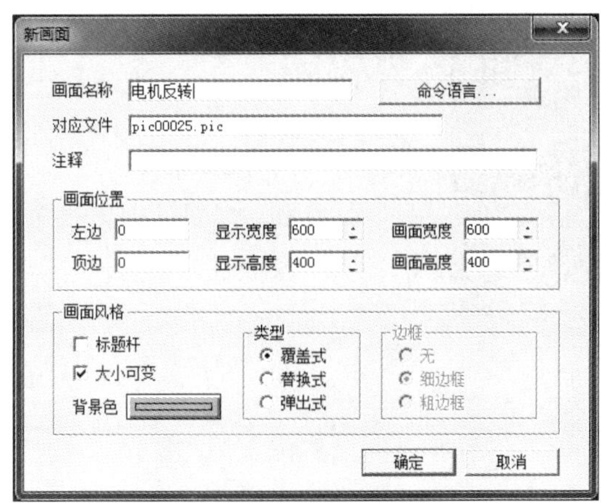

图 4-17 建立工程画面

2. 定义外部设备和数据变量

1）定义外部设备

（1）在组态王工程浏览器的左侧选中“板卡”，在左侧双击“新建”图标弹出“设备配置向导”的对话框，点击 PLC 找到西门子 S7-200 TCP，如图 4-18 所示。

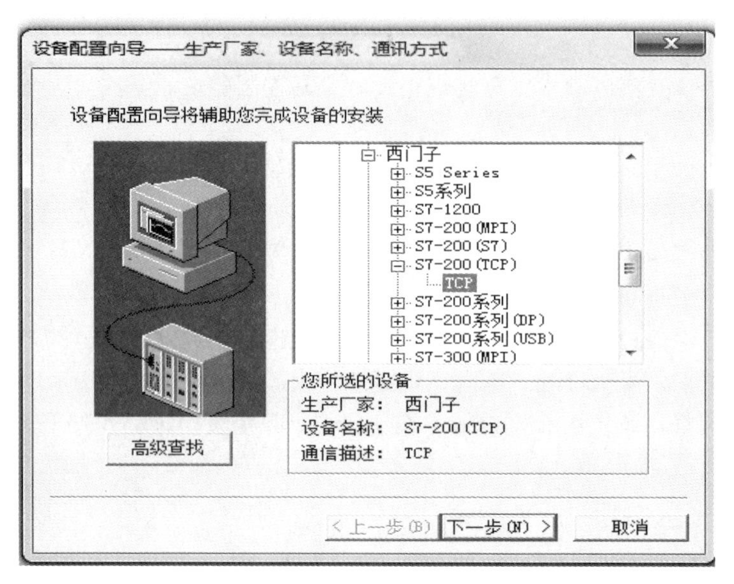

图 4-18　设备配置向导

（2）再点击下一步到设备地址输入：192.168.2.1：0（注意：“:”冒号要在英文状态下编写），如图 4-19 所示。

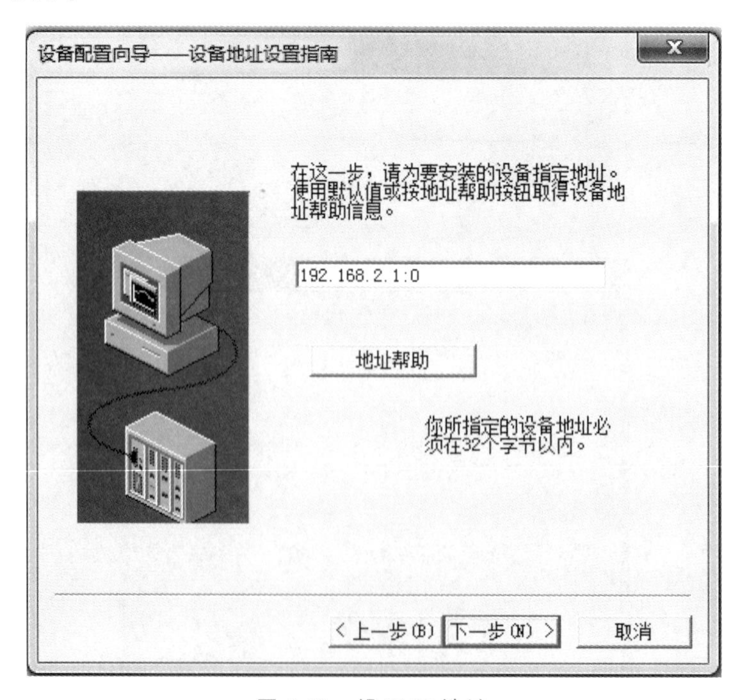

图 4-19　设置 IP 地址

（3）设置完成，如图 4-20 所示。

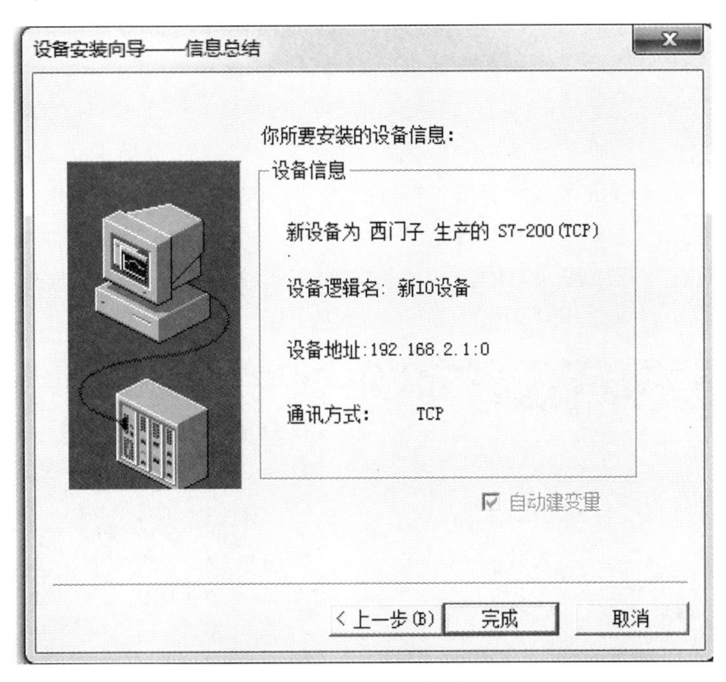

图 4-20 设置完成

2）定义数据变量

在工程浏览器的左侧选择“数据词典”，在右侧双击“新建”图标，弹出“变量属性”的对话框，如图 4-21 所示。

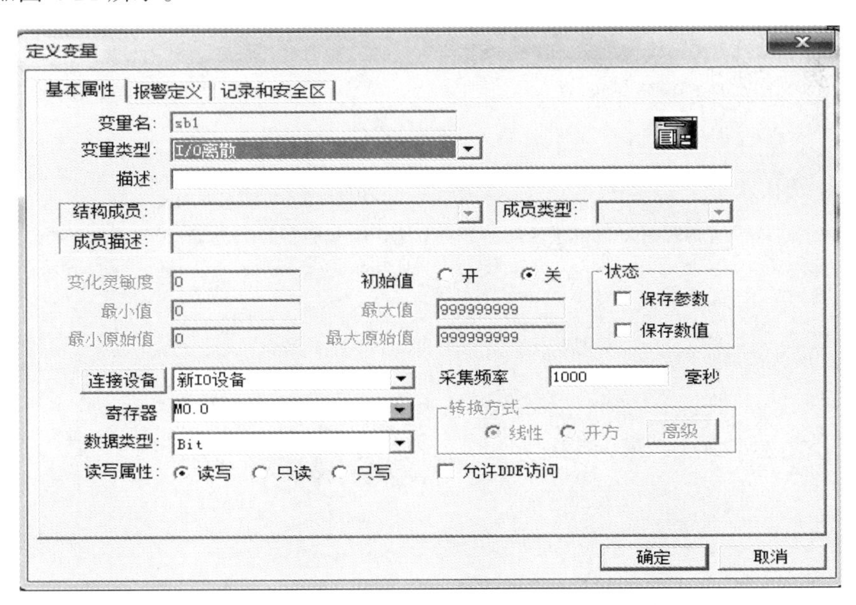

图 4-21 设置变量数据

在对话框中添加变量如下：

（1）变量名：sb1\sb2\sb3\ES\FR\复位；变量类型：I/O 离散；连接设备：新 I/O 设备；寄

存器：M0.0\M0.1\M0.2\M0.3\M0.4\M0.5；数据类型：Bit；读写属性：读写。

（2）变量名：KM1\KM2\HL1；变量类型：I/O 离散；连接设备：新 I/O 设备；寄存器：Q0.0\Q0.1\Q0.2；数据类型：Bit；读写属性：读写。

3. 定义新画面和传变量

（1）在工程浏览器的左侧选择“文件\画面”，在工程浏览器右侧双击 “新建”图标，弹出对话框，如图 4-22 所示。

（2）在“画面名称”处输入新的画面名称，如 1，其他属性目前不用更改。点击“确定”按钮进入内嵌的组态王画面开发系统，如图 4-23 所示。

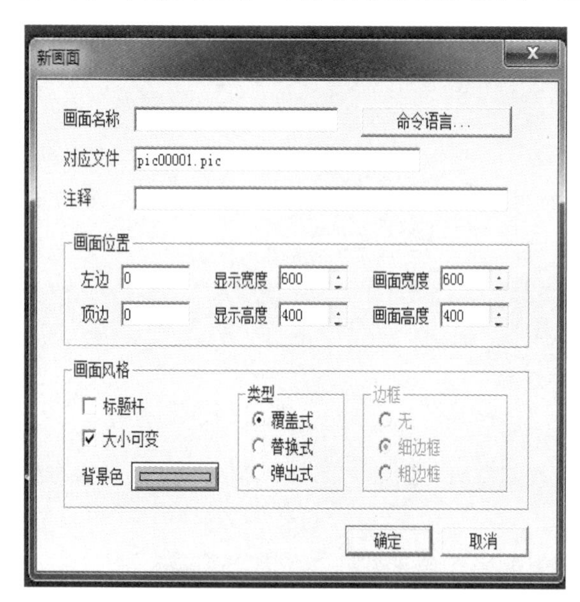

图 4-22　新建画面

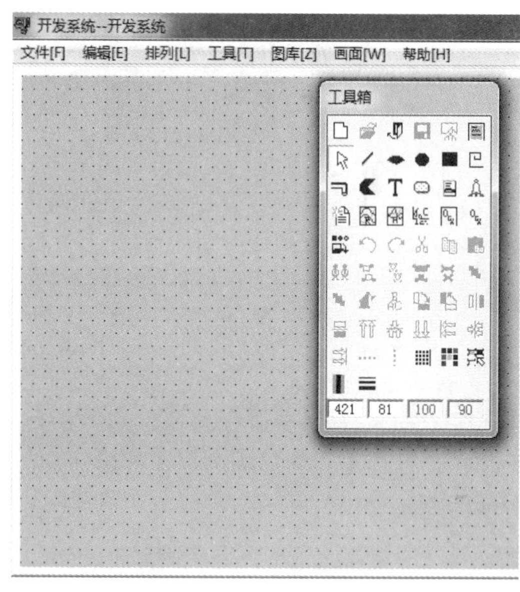

图 4-23　组态王开发系统

（3）在组态王开发系统中从“工具箱”中分别选择“按钮”和“椭圆”“文本”图标，绘制三个椭圆对象和六个按钮对象、三个文本对象，如图 4-24 所示。

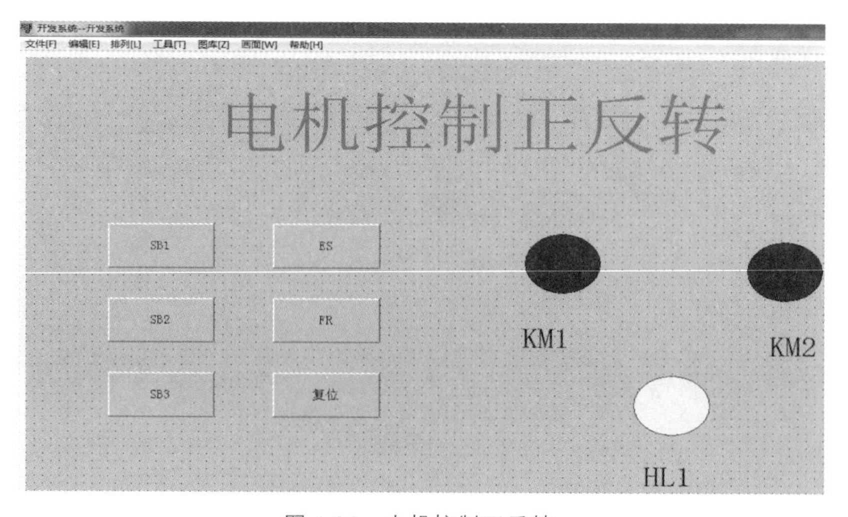

图 4-24　电机控制正反转

（4）画面绘制完成后全部保存，然后传变量，双击 sb1\椭圆，后弹出“动画连接”对话框，然后选中“按下时”和“弹起时”，如下图 4-25 所示。

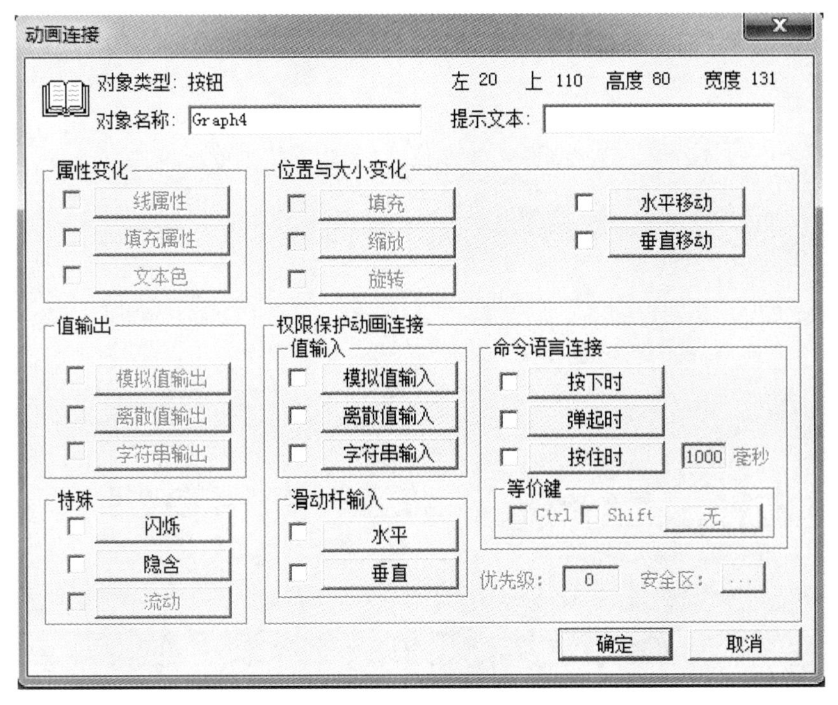

图 4-25　动画连接

点击按下时，弹出“命令语言”对话框，如图 4-26 所示。

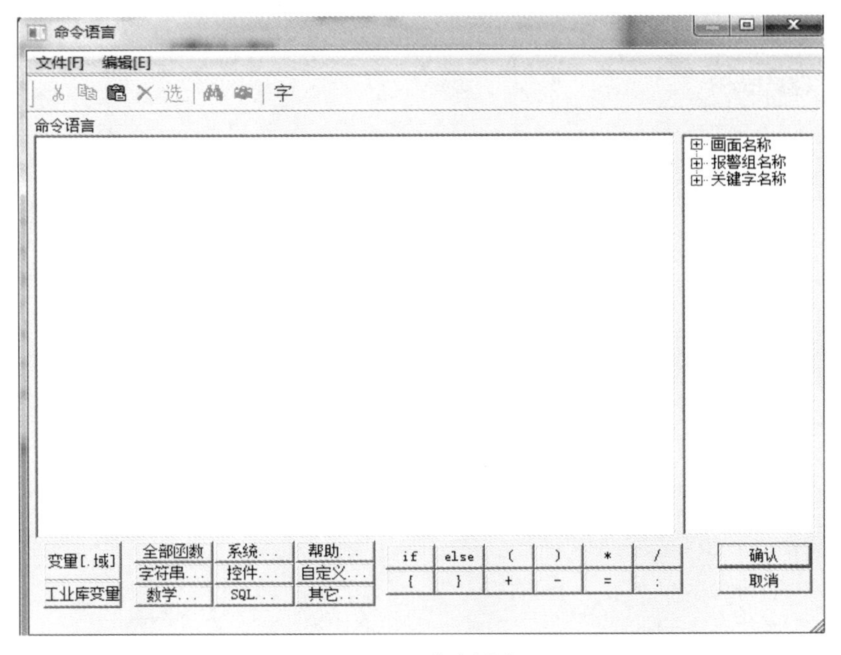

图 4-26　命令语言

点击变量（域）点击之前创建的变量，后点确定，如图 4-27、4-28 所示。

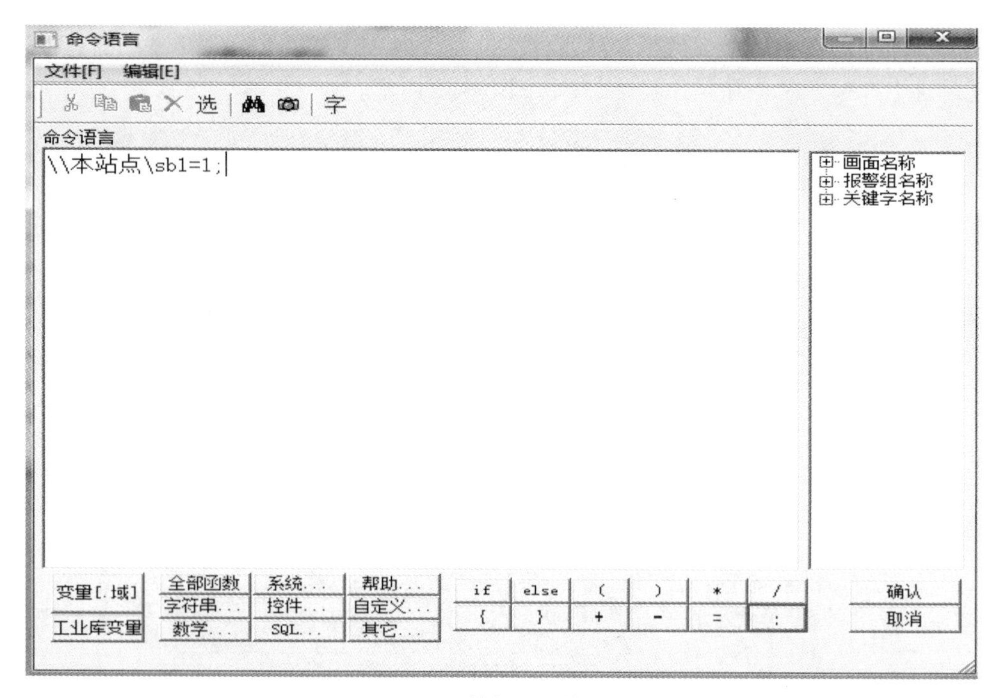

图 4-27　按钮 sb1 按下时

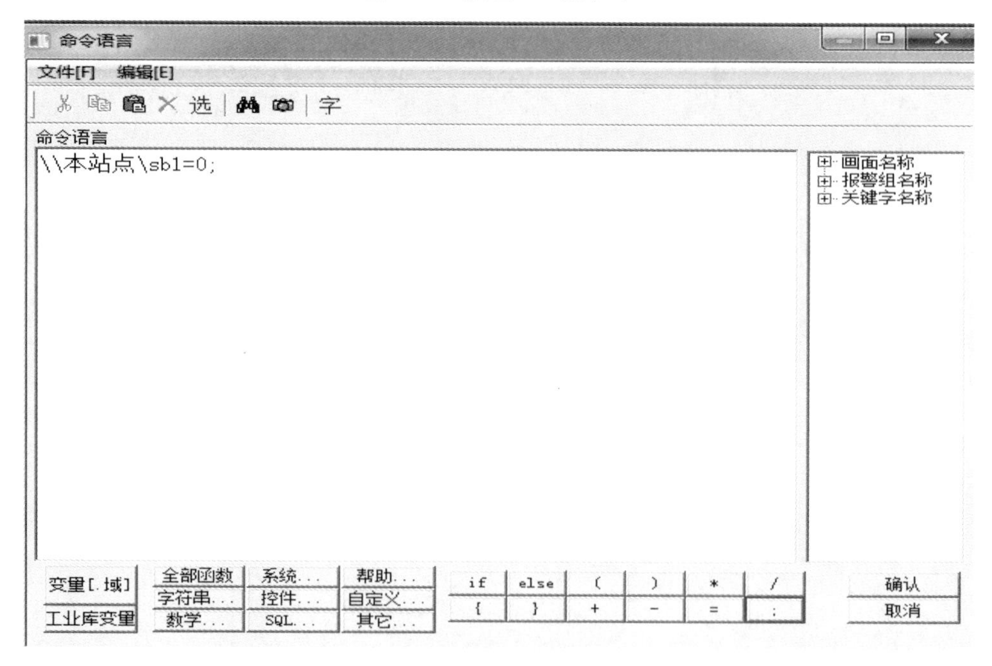

图 4-28　按钮 sb1 弹起时

椭圆传变量的方法和按钮 sb1 一样，命令语言如下：

按下时：\\本站点\km1=1；

弹起时：\\本站点\km1=0；

注意：传完变量后必须全部保存。

（5）编写 smart 程序（m0.0/Q0.0）下载，如图 4-29 所示。

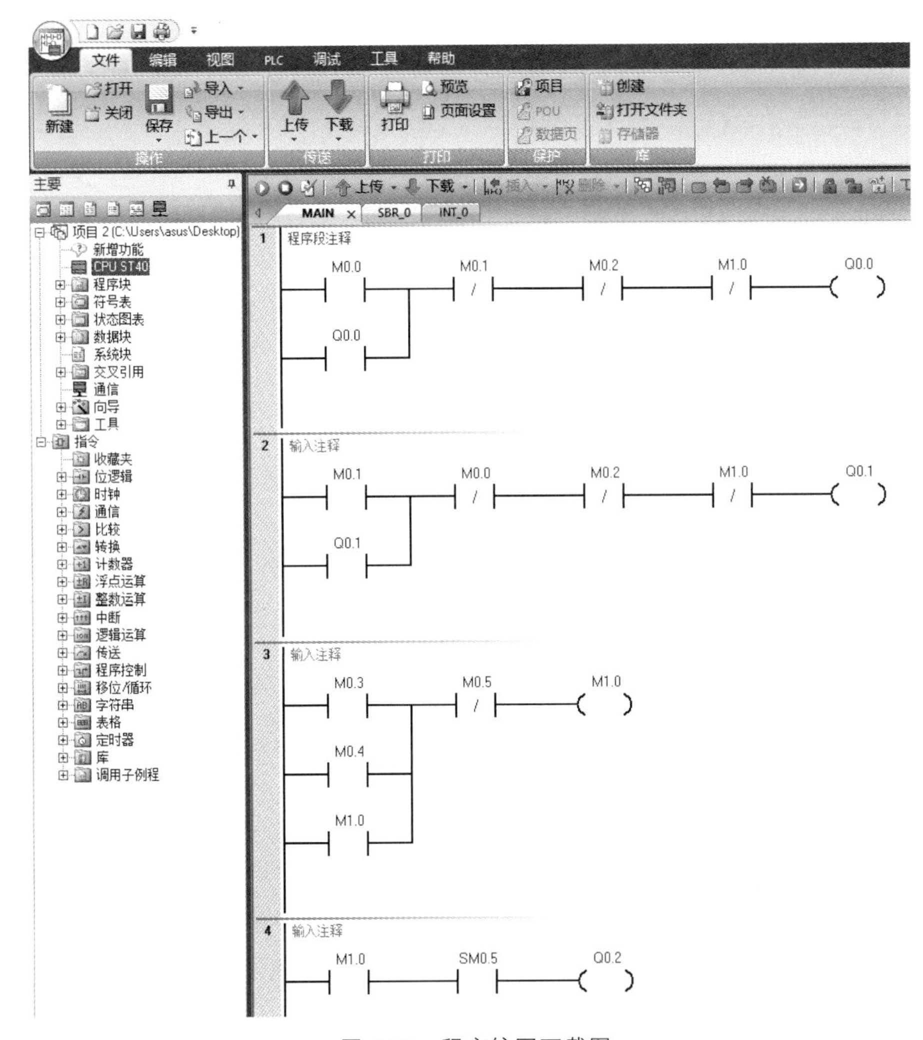

图 4-29　程序编写下载图

（6）PLC 进行通信连接，下载程序，运行如图 4-30 所示。

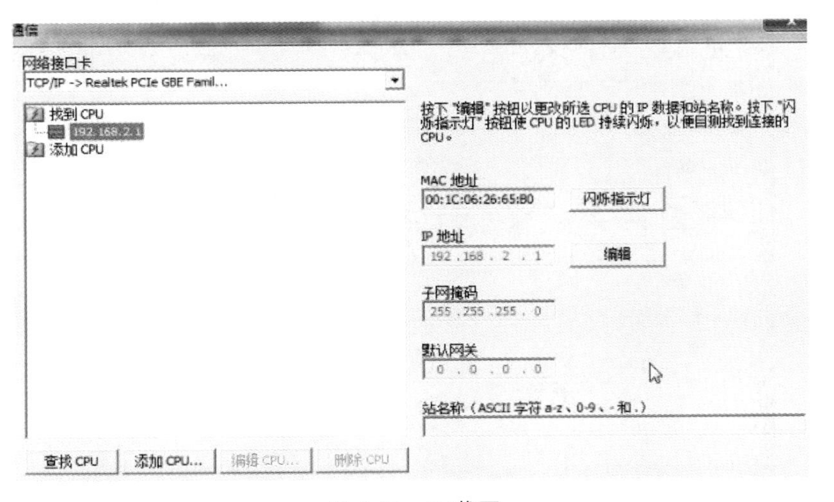

图 4-30　下载图

4.4.2 交通灯控制

例题：

交通灯控制要求：

（1）该单元设有启动和停止按钮 SB1、SB2，用以控制系统的“启动”与“停止”。

（2）交通灯显示方式：

当启动按钮 SB1 按下后，东西绿灯亮 10 s 后，以 1 Hz 频率闪烁 5 s 灭，黄灯以 2 Hz 频率闪烁 5 s 后灭，红灯亮 20 s；然后绿灯亮……以此循环。对应东西绿灯、黄灯亮时南北红灯亮 20 s，接着绿灯亮 10 s 后，以 1 Hz 频率闪烁 5 s 灭，黄灯以 2 Hz 频率闪烁 5 s 后灭，红灯亮……以此循环。

（3）当按下停止按钮 SB2 时，所有的交通灯熄灭。

1. 建立新工程

建立新画面，如图 4-31 所示。

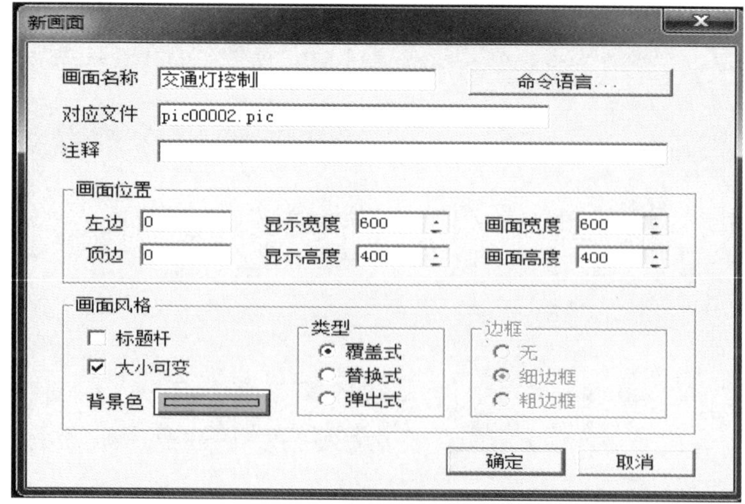

图 4-31　新建工程图像图

2. 定义外部设备和数据变量

1）定义外部设备

（1）在组态王工程浏览器的左侧选中“板卡”，在左侧双击“新建”图标弹出“设备配置向导”的对话框，点击 PLC 找到西门子 S7-200 TCP，如图 4-32 所示。

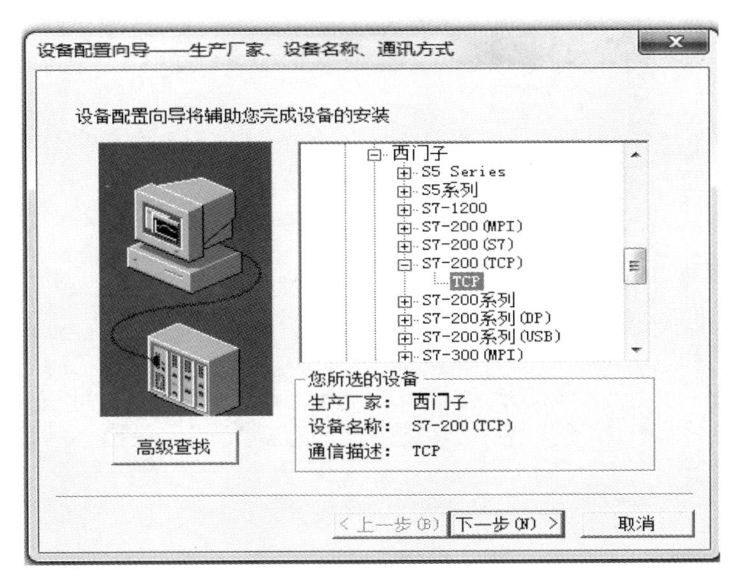

图 4-32　设置向导图

（2）再点击下一步到设备地址输入：192.168.2.1：0（注意：“:”冒号要在英文状态下编写），如图 4-33 所示。

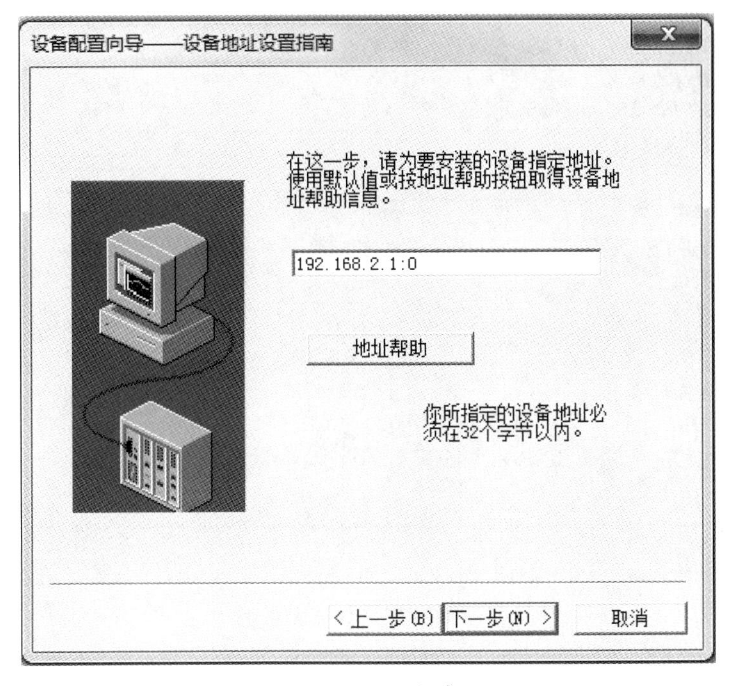

图 4-33　设置完成图

（3）设置完成如图 4-34 所示。

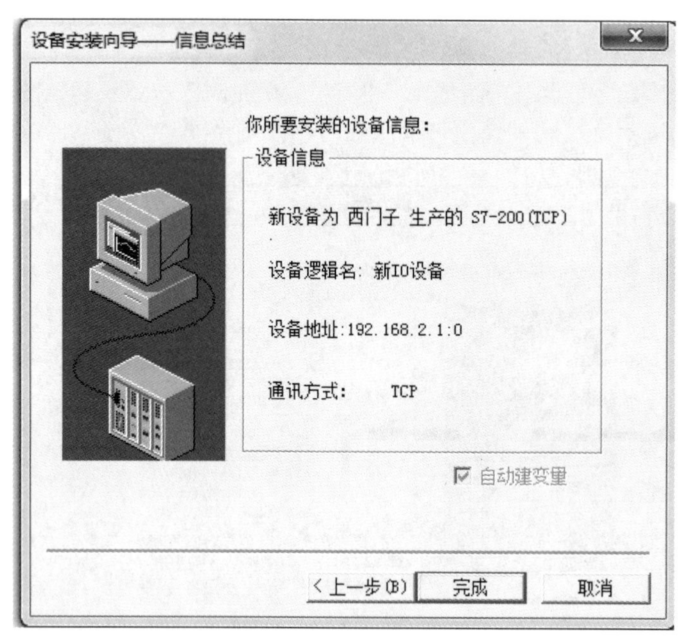

图 4-34　设置完成图

2）定义数据变量

在工程浏览器的左侧选择“数据词典”，在右侧双击“新建”图标，弹出“变量属性”的对话框，如图 4-35 所示。

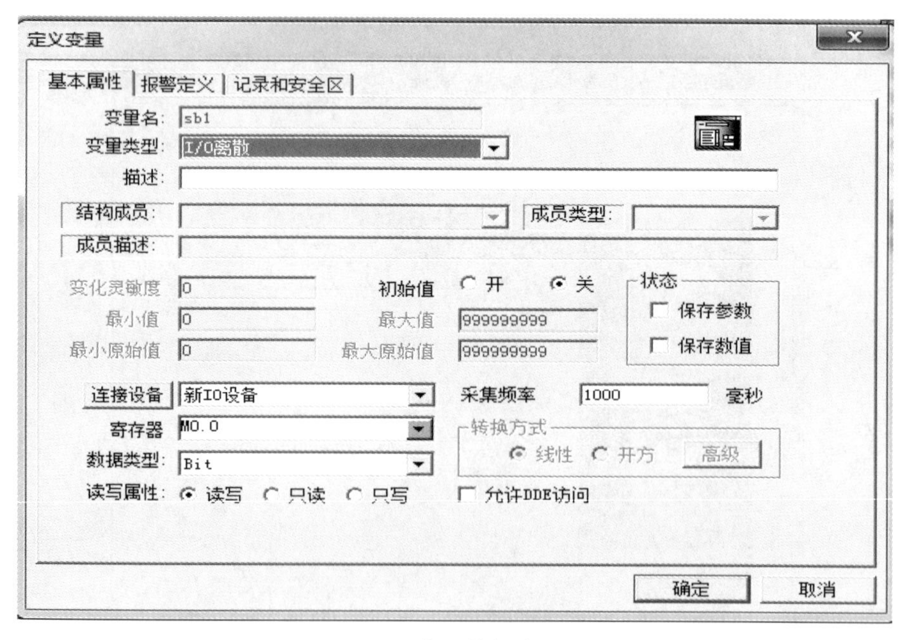

图 4-35　定义数据变量图

在对话框中添加变量如下：

（1）变量名：sb1\sb2；变量类型：I/O 离散；连接设备：新 I/O 设备；寄存器：M0.0\M0.1；

数据类型：Bit；读写属性：读写。

（2）变量名：东西绿灯/东西黄灯/东西红灯/南北绿灯/南北黄灯/南北红灯；变量类型：I/O离散；连接设备：新 I/O 设备；寄存器：Q0.0/Q0.1/Q0.2/Q0.3/Q0.4/Q0.5；数据类型：Bit；读写属性：读写。

3. 定义新画面和传变量

（1）在工程浏览器的左侧选择“文件/画面”，在工程浏览器右侧双击 “新建”图标，弹出对话框，如图 4-36 所示。

（2）在“画面名称”处输入新的画面名称，其他属性目前不用更改。点击 “确定”按钮进入内嵌的组态王画面开发系统，如图 4-37 所示。

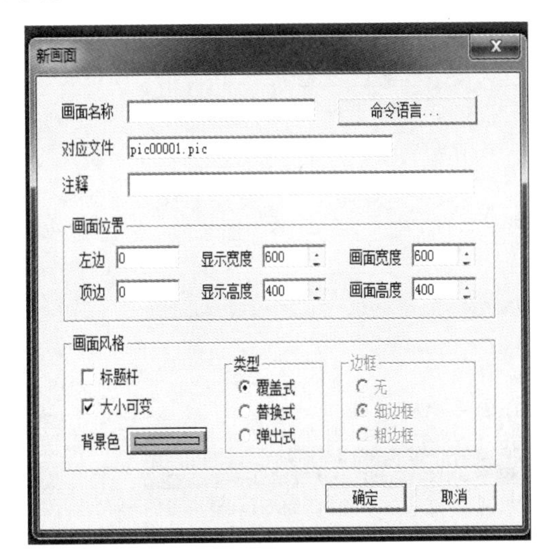

图 4-36　新建画面

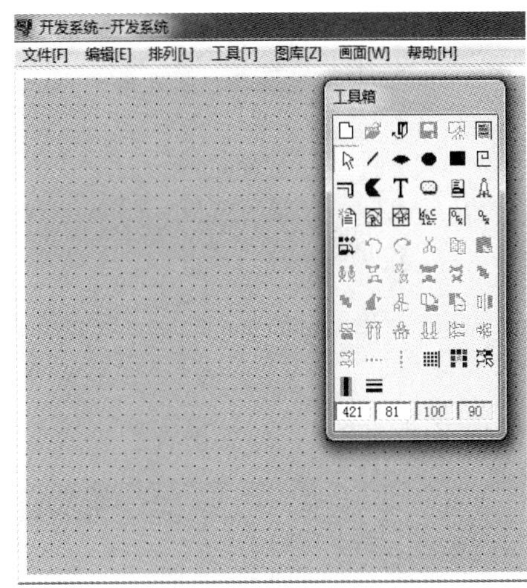

图 4-37　组态王开发系统

（3）在组态王开发系统中从“工具箱”中分别选择“按钮”和“椭圆”“文本”图标，绘制九个椭圆对象和两个按钮对象、几个文本对象，如图 4-38 所示。

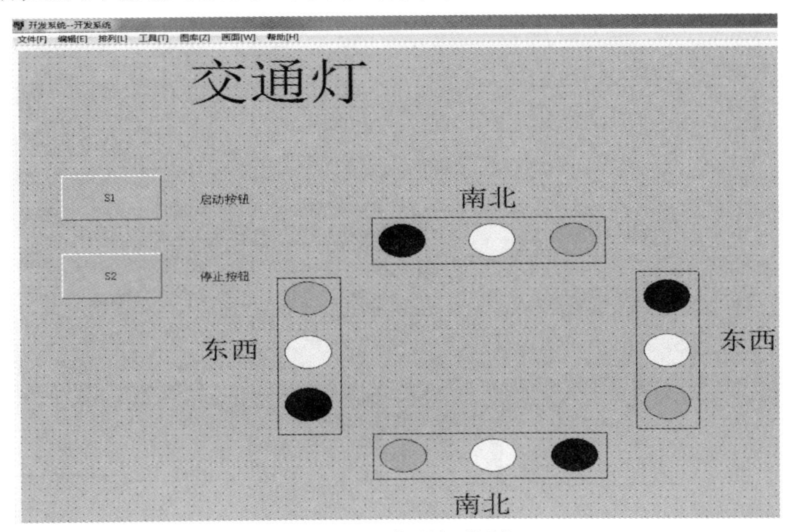

图 4-38　交通灯控制

（4）画面绘制完成后全部保存，然后传变量，双击 sb1\椭圆，后弹出“动画连接”对话框，然后选中“按下时”和“弹起时”，如图 4-39 所示。

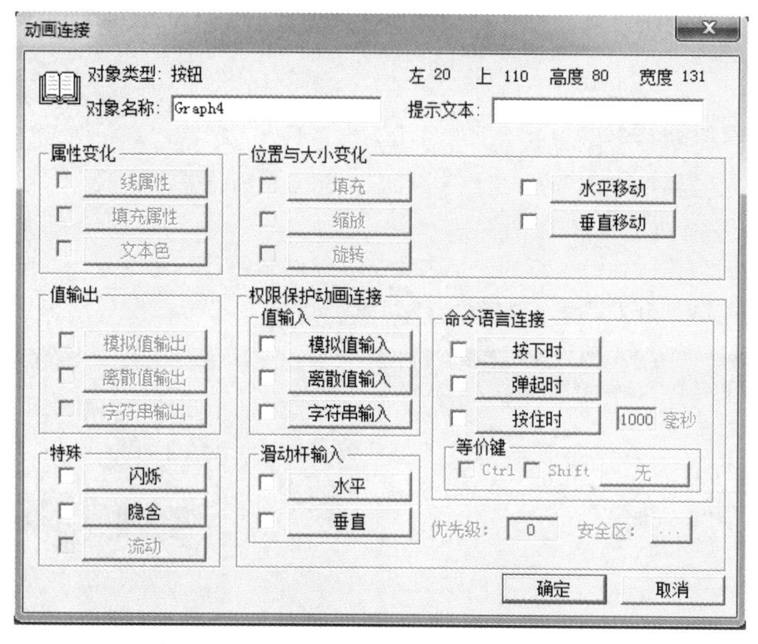

图 4-39　动画连接图

点击按下时，弹出“命令语言”对话框，如图 4-40 所示。

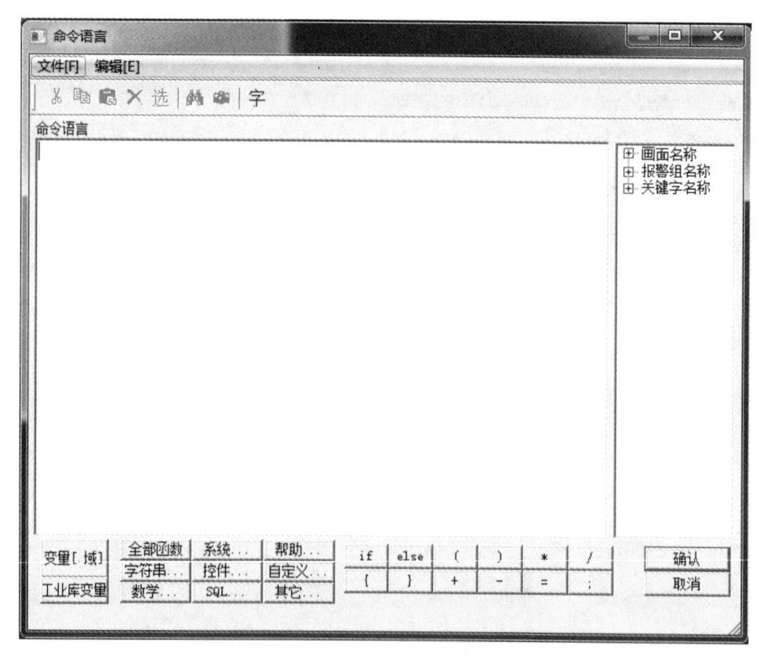

图 4-40　命令语言图

点击变量（域）点击之前创建的变量，后点确定，如图 4-41、4-42 所示。

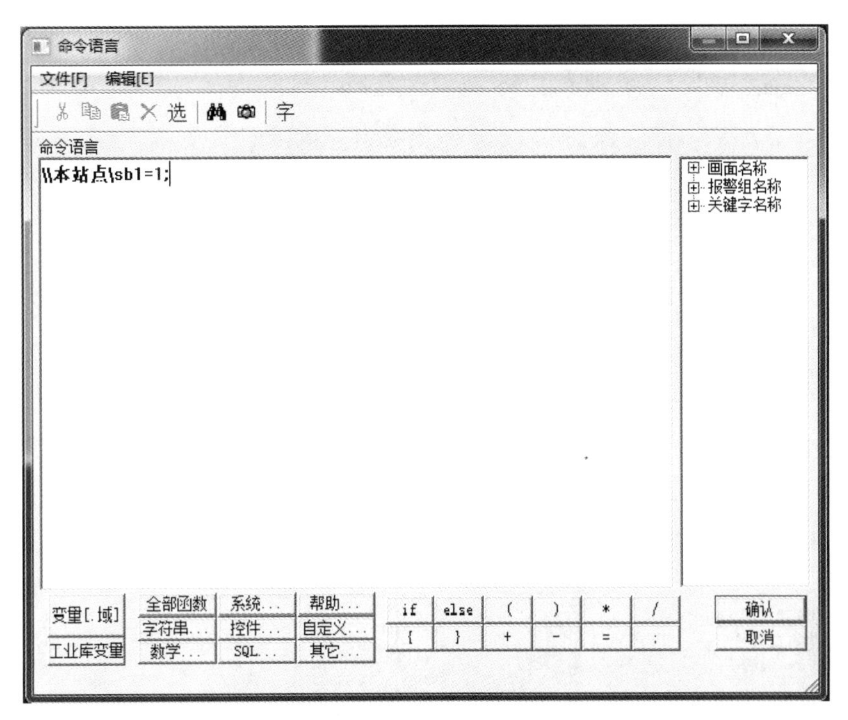

图 4-41 按钮 sb1 按下时

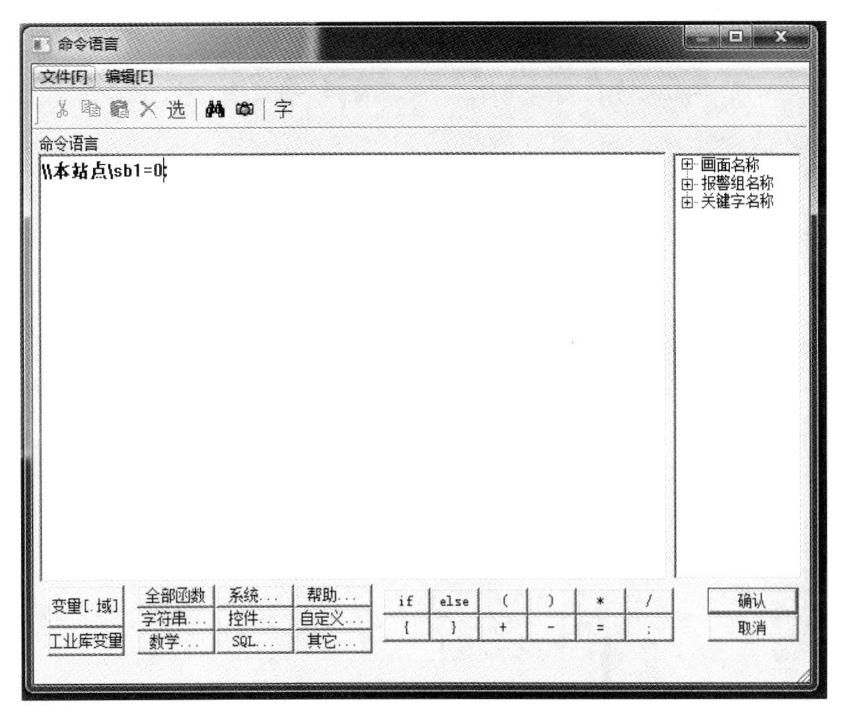

图 4-42 按钮 sb1 弹起时

椭圆传变量的方法和按钮 sb1 一样，命令语言如下：

按下时：\\本站点\km1=1;

弹起时：\\本站点\km1=0;

注意：传完变量后必须全部保存。

（5）编写 smart 程序（m0.0/Q0.0）下载，如图 4-43 所示。

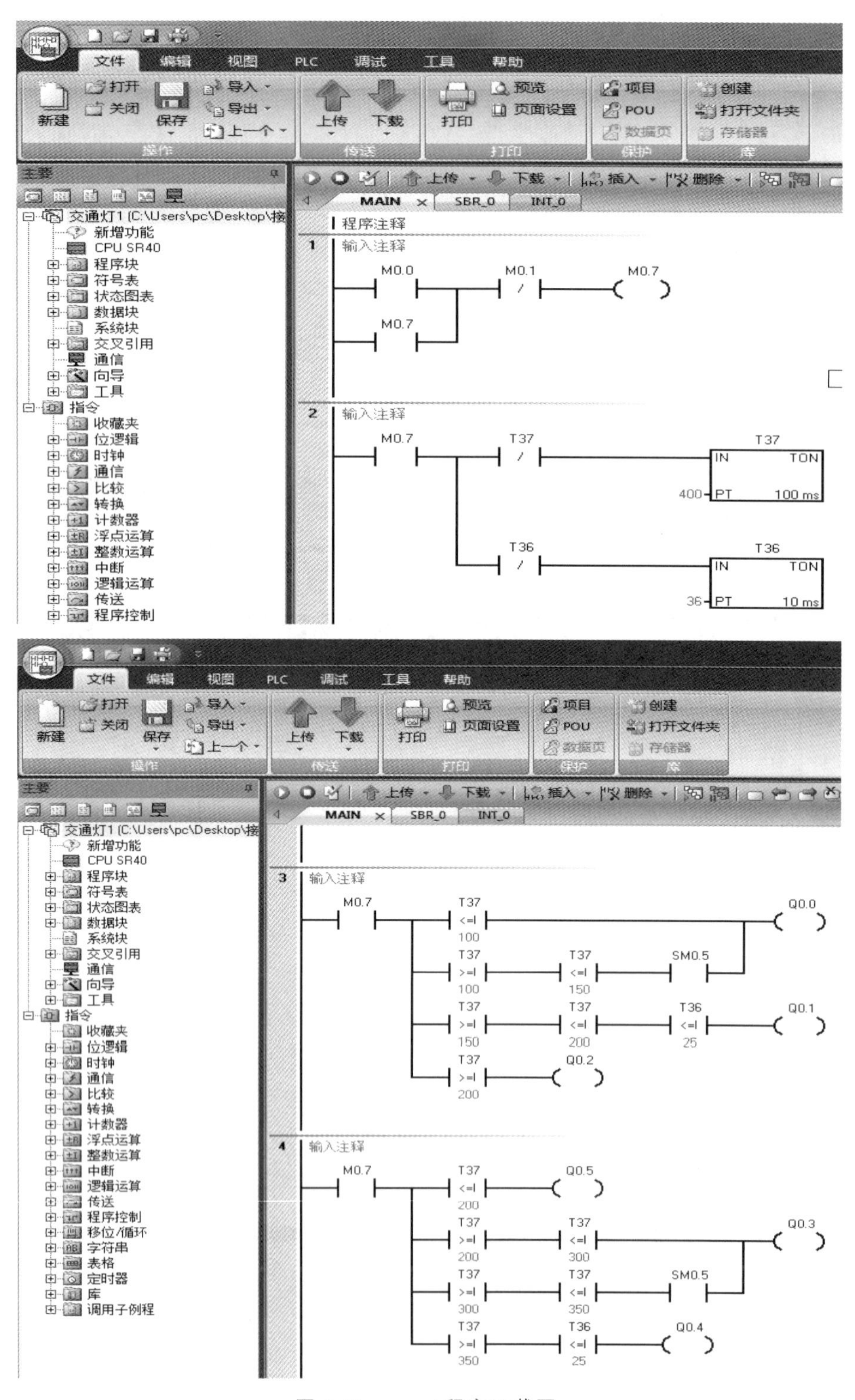

图 4-43　smart 程序下载图

（6）PLC 进行通信连接，下载程序，运行如图 4-44 所示。

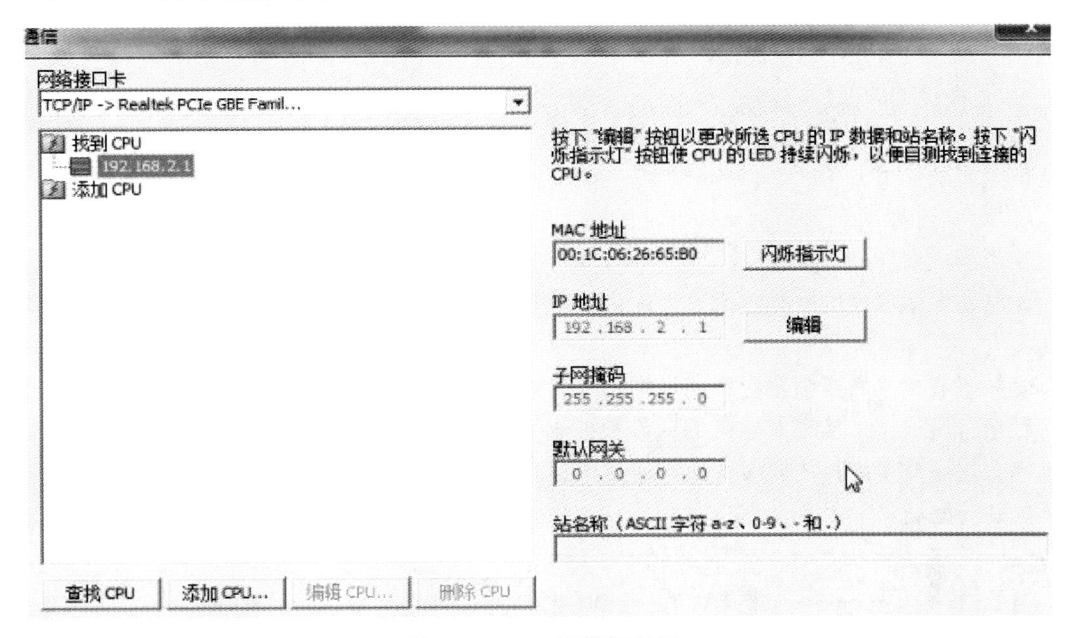

图 4-44　PLC 下载运行图

第 5 章　西门子变频器 MM420

变频器的最早应用开始于调速系统，在变频器逐渐完善的同时，变频调速技术日趋成熟，尤其是发达国家的变频技术已经向产业化和集成化的方向发展，并且具备了一定规模和发展实力。

变频调节技术和变频器应用的目的就是对电机进行调速控制，以此令电机可以进入到任意一种运行模式，来实现对电机的调节和控制。变频器的运行原理如下：改变电机定子的供电频率，进而改变电机的同步转速。通过电机转速的计算公式可以发现电机转速取决于电机定子的旋转磁场。

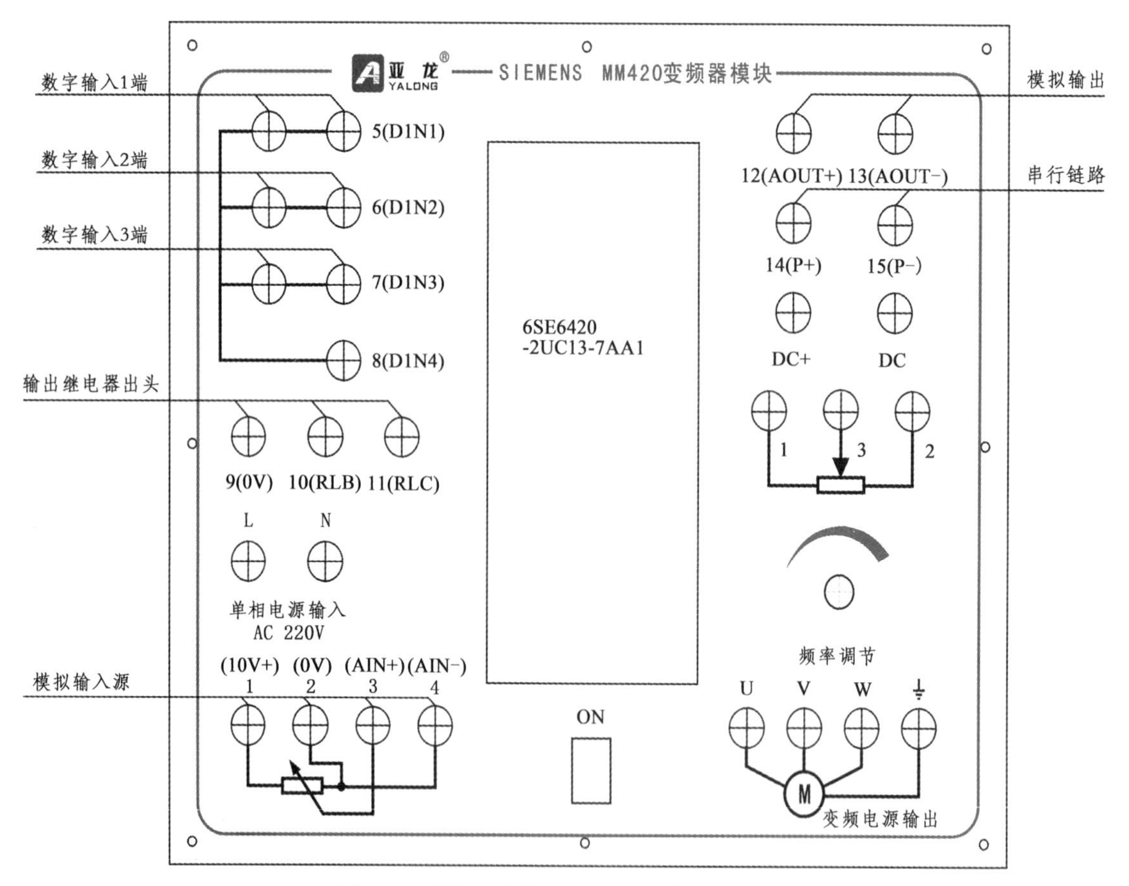

图 5-1　西门子变频器 MM420 实训模块图

电机定子的旋转磁场的计算公式如下：$n = t \cdot f / p$，

由此可见，电机定子的旋转磁场取决于供电频率。

其中，t—电机的运转时间；

p—电机运行的极对数；

f—供电电源的频率。

此时，在同一电机中，p 保持不变，如果 f 发生了改变，电机的转速 n 也会随之改变，令公式中的各个变量维持平衡发展的关系，进而实现调节电机转速的目的。

变频器集成了大功率晶体管技术和电子控制技术，使复杂的调速控制简单化，用变频器对三相交流异步电动机进行调速，具有体积小、维修率低、操作方便等优点。在自动化生产线、电梯、恒压供水等系统中，变频器得到了广泛应用。本章介绍以 MM420 系列变频器为主，MM420 变频器是西门子公司近期的通用变频器产品，电源电压为 380 V，额定功率为 750 W，其外形尺寸为 A 型，采用基本操作板（BOP）作为操作面板。西门子 MM420 变频器实训模块如图 5-1 所示，实物图如图 5-2 所示。

图 5-2　西门子 MM420 变频器图片

5.1　变频器的快速调试

1. 目的

（1）掌握 MM420 变频器基本参数输入的方法。

（2）掌握 MM420 变频器参数恢复为出厂默认值的方法。

（3）掌握快速调试的内容及方法。

（4）设置电动机参数。

2. 设备

（1）1 台变频器模块。

（2）1 台三相异步电动机。

（3）若干导线。

3. 例题

（1）变频器基本操作面板。

（2）频器参数修改。

（3）改变参数数值的操作（修改 P0304 参数为 380）。

（4）恢复变频器工厂默认（出厂设置）。

（5）快速调试及电机参数设置。

4. 步骤

（1）按照要求，把变频器的三相电源的输出端接到电动机的输入端，然后给设备通电，接线图如图 5-3 所示。

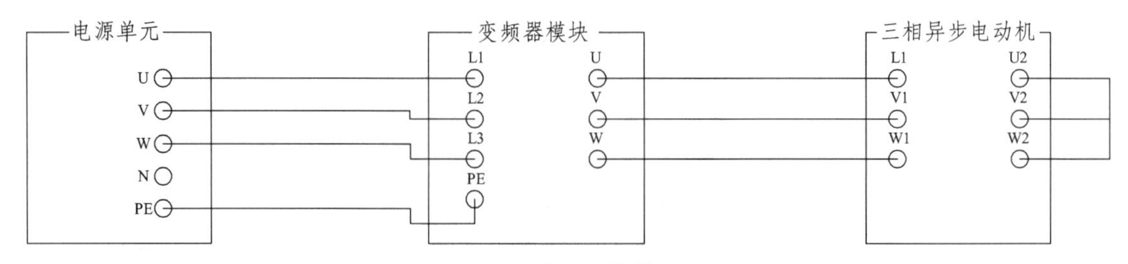

图 5-3　变频器接线图

（2）变频器基本操作面板。

变频器基本操作面板（BOP）如图 5-4 所示。BOP 可以显示参数的序号和数值，报警和故障信息，以及设定值和实际值。基本操作面板（BOP）上的按钮功能如表 5-1 所示。

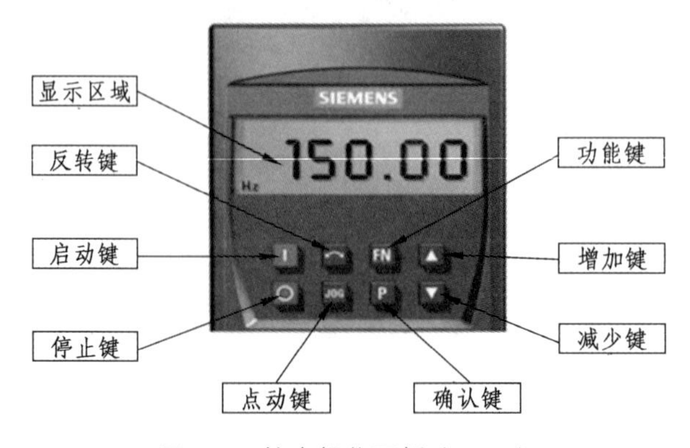

图 5-4　基本操作面板（BOP）

表 5-1　基本操作面板（BOP）上的按钮功能表

显示/按钮	功能	功能的说明
r0000	状态显示	LCD 显示变频器当前的设定值
I	启动变频器	按此键起动变频器。缺省值运行时此键是被封锁的。为了使此键的操作有效，应设定 P0700 = 1
0	停止变频器	OFF1：按此键，变频器将按选定的斜坡下降速率减速停车，缺省值运行时此键被封锁；为了允许此键操作，应设定 P0700 = 1。 OFF2：按此键两次（或一次，但时间较长）电动机将在惯性作用下自由停车。此功能总是“使能”的
	改变电动机的转动方向	按此键可以改变电动机的转动方向电动机的反向用负号表示或用闪烁的小数点表示。缺省值运行时此键是被封锁的为了使此键的操作有效，应设定 P0700 = 1
jog	电动机点动	在变频器无输出的情况下按此键，将使电动机起动，并按预设定的点动频率运行。释放此键时，变频器停车。如果变频器/电动机正在运行，按此键将不起作用
Fn	功能	此键用于浏览辅助信息。 变频器运行过程中，在显示任何一个参数时按下此键并保持不动 2 s，将显示以下参数值（在变频器运行中从任何一个参数开始）： （1）直流回路电压（用 *d* 表示，单位：V）； （2）输出电流（A）； （3）输出频率（Hz）； （4）输出电压（用 o 表示，单位 V）； （5）由 P0005 选定的数值（如果 P0005 选择显示上述参数中的任何一个（3、4 或 5），这里将不再显示） 连续多次按下此键将轮流显示以上参数。 跳转功能： 在显示任何一个参数（rXXXX 或 PXXXX）时短时间按下此键，将立即跳转到 r0000，如果需要的话，用户可以接着修改其他的参数。跳转到 r0000 后，按此键将返回原来的显示点
P	访问参数	按此键即可访问参数
	增加数值	按此键即可增加面板上显示的参数数值
	减少数值	按此键即可减少面板上显示的参数数值

（3）变频器参数修改。

MM420 变频器参数有两种：P 参数是可以更改的，R 参数是只读的，有的 R 参数是在变频器上可以读出；有的是二进制的形式，在电脑上用软件可以读出。下面利用 BOP 说明如何改变 P0004“访问级”的数值。表 5-2 为修改访问级参数 P0003 的步骤。

表 5-2 修改访问级参数 P0003 的步骤

序号	操作步骤	显示的结果
1	按 P 访问参数	r0000
2	按 ▲ 直到显示出 P0004	P0004
3	按 P 进入参数数值访问级	0
4	按 ▲ 或 ▼ 达到所需要的数值	3
5	按 P 确认并存储参数的数值	P0004
6	使用者只能看到命令参数	

（4）改变参数数值的操作（修改 P0304 参数为 380）。

为了快速修改参数的数值，可以一个个地单独修改显示出的每个数字，操作步骤如下：当已处于某一参数数值的访问级（参看“用 BOP 修改参数”）。

① 按功能键 Fn 最右边的一个数字闪烁。

② 按功能键 ▲ / ▼ 修改这位数字的数值。

③ 再按 Fn（功能键）相邻的下一位数字闪烁。

④ 执行 2 至 4 步，直到显示出所要求的数值。

⑤ 按 P 退出参数数值的访问级。

（5）恢复变频器工厂默认（出厂设置）。

参数复位，将变频器的参数恢复到出厂时的参数默认值。在变频器初次调试，或者参数设置混乱时，需要执行该操作，以便于将变频器的参数值恢复到一个确定的默认状态，如图 5-5 所示。

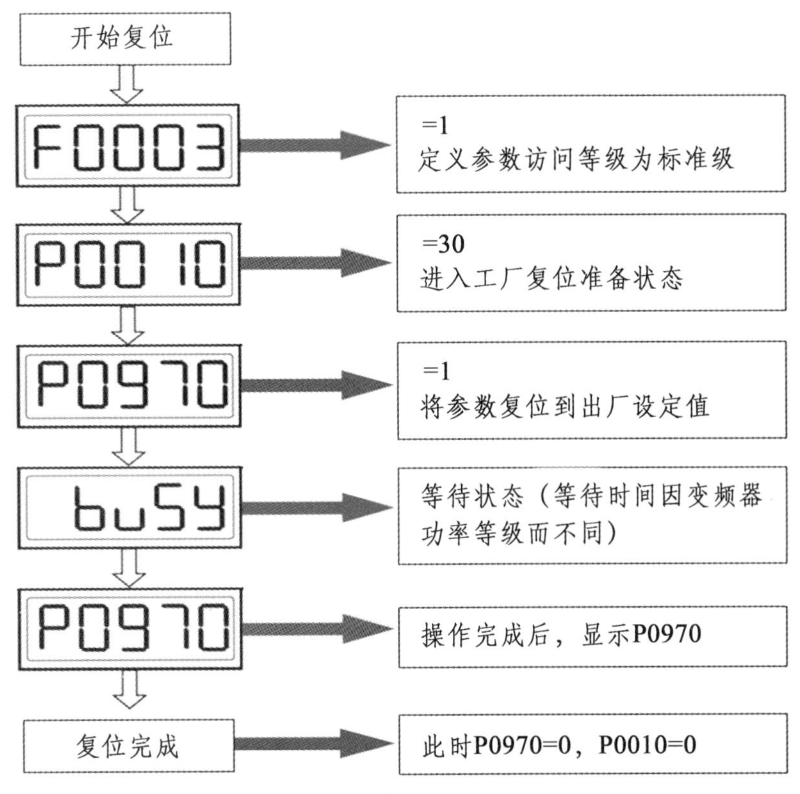

图 5-5　恢复出厂设置

设定 P0003=1、P0010=30 和 P0970=1，按下 P 键，开始复位，复位过程大约为 3 min，这样就保证了变频器的参数恢复到工厂默认值。

6. 快速调试及电机参数设置

利用快速调试功能使变频器与实际使用的电动机参数相匹配，并对重要的技术参数进行设定。在快速调试的各个步骤都完成以后，应选定 P3900，如果它置 1，将执行必要的电动机计算，并使其他所有的参数（P0010=1 不包括在内）恢复为出厂默认设置值。只有在快速调试方式下才进行这一操作。

电机参数具体见铭牌。额定电压：380 V；额定电流：0.63 A；额定功率：0.18 kW；额定频率：50 Hz；额定转速：1 400 r/min。

快速调试如流程图 5-6 所示。（仅适用于第 1 访问级，P0003=1，黄色不用设置。）

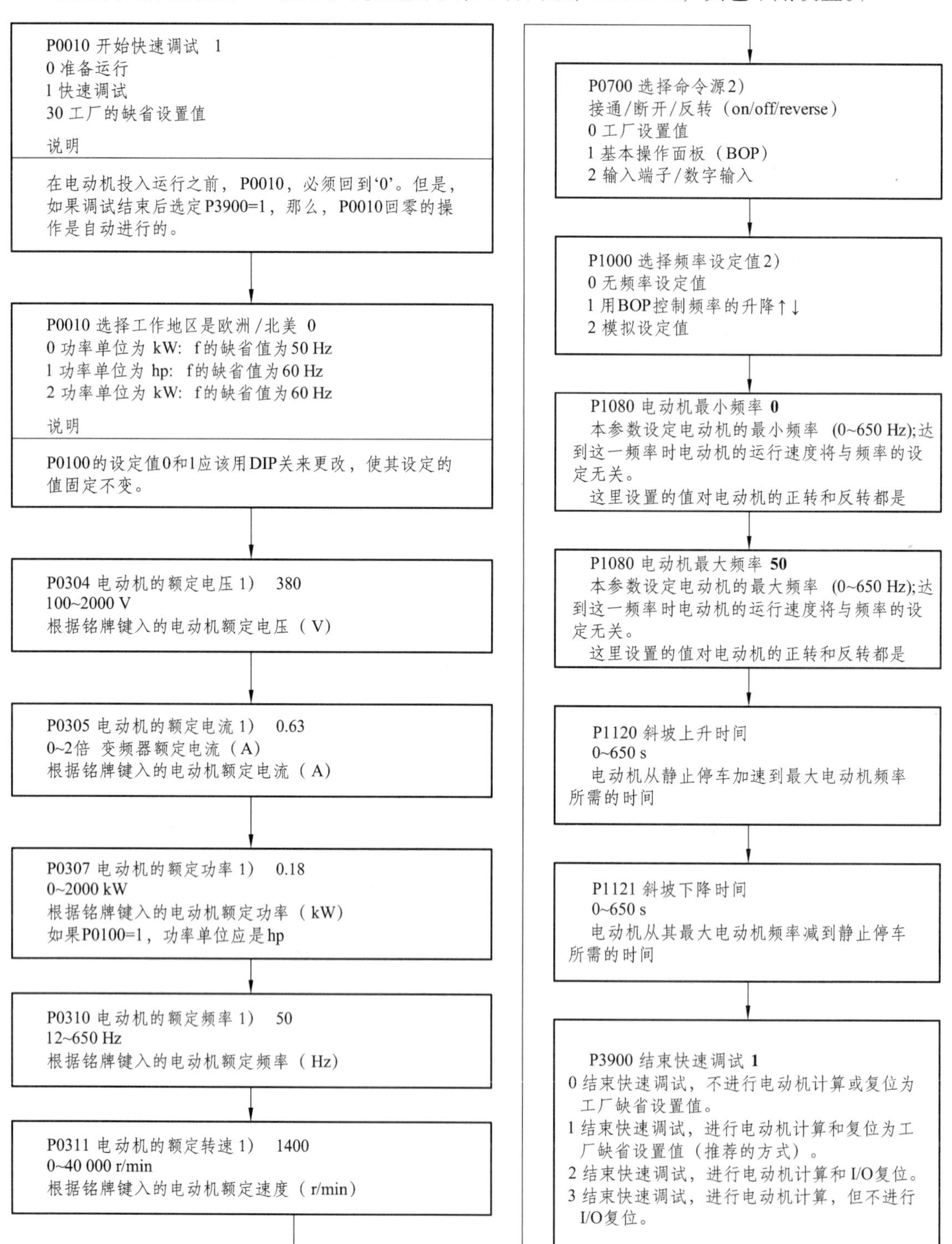

图 5-6　快速调试流程图

5.2 MM420 的基本操作面板（BOP）控制

1. 目的

（1）学习 MM420 变频器的基本操作面板（BOP）的使用。

（2）掌握 MM420 变频器面板控制运行。

2. 设备

（1）1 台变频器模块。

（2）1 台三相异步电动机。

（3）若干导线。

3. 例题

通过 BOP 面板完成对电机的正、反转以及点动控制，其中加减速时间均为 0.5 s。

4. 步骤

按照要求，把变频器的三相电源的输出端接到电动机的输入端，然后给设备通电；参照实训一进行快速调试，设置好电机参数，接线图如图 5-7 所示。

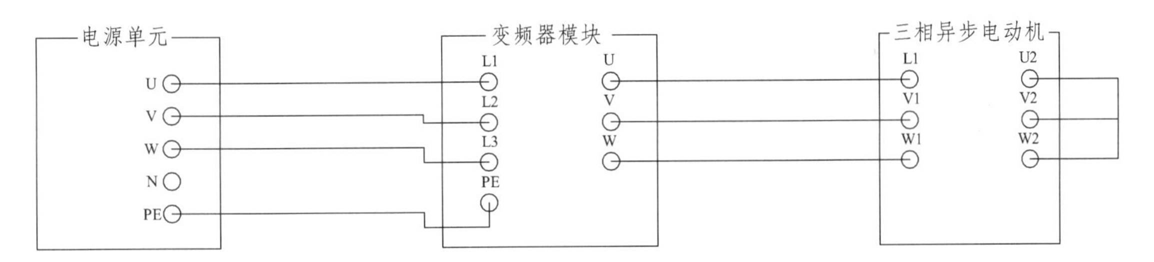

图 5-7　变频器三相电源接线图

面板控制参数设定为：P0700=1、P1000=1。

进入电动机频率监控状态，在参数状态下，PXXXX，先按下功能键 Fn；再按下访问参数键 P。

（1）启动电动机。

按下启动键 I，电动机启动；按 ▲/▼ 修改电动机转动频率。

（2）正反转。

按下反转键，可以改变电动机转动方向。

（3）停止电动机。

按下停止键 O，电动机将按确定好的斜坡减速时间进行停车。

（4）电动机点动。

首先将电动机恢复停止状态，按下点动键 jog，电动机将按预定的点动频率运行。

（5）加减速时间。

参数设定：P1120=5，P1121=5。观察电机启动与停止状态。

加速、减速时间也称作斜坡时间，分别指电机从静止状态加速到最高频率所需要的时间和从最高频率减速到静止状态所需要的时间，如图 5-8 所示。

参数号码	参数功能
P1120	加速时间
P1121	减速时间

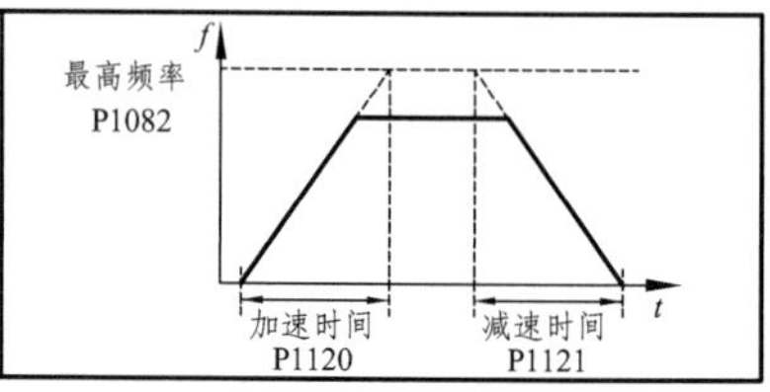

f
最高频率
P1082
t
加速时间
P1120
减速时间
P1121

图 5-8　加减数斜坡设定图

注意：P1120 设置过小可能导致变频器过电流；P1121 设置过小可能导致变频器过电压。

5.3　MM420 的开关量输入功能

1. 目的

（1）掌握变频器参数恢复为工厂默认值的方法。

（2）学会 MM420 变频器基本参数的设置。

（3）学会用 MM420 变频器输入端子 DIN1、DIN2、DIN3。

（4）通过 BOP 面板观察变频器的运行过程。

2. 设备

（1）1 台变频器模块。

（2）1 台三相异步电动机。

（3）若干导线。

3. 例题

（1）学会用 MM420 变频器输入端子 DIN1、DIN2 对电机正反转实现控制。

（2）学会用 MM420 变频器输入端子 DIN1、DIN2、DIN3 对电机是实现多段速频率控制。

4 步骤

MM420 包含了三个数字开关量的输入端子，每个端子都有一个对应的参数用来设定该端子的功能，如图 5-9 所示。

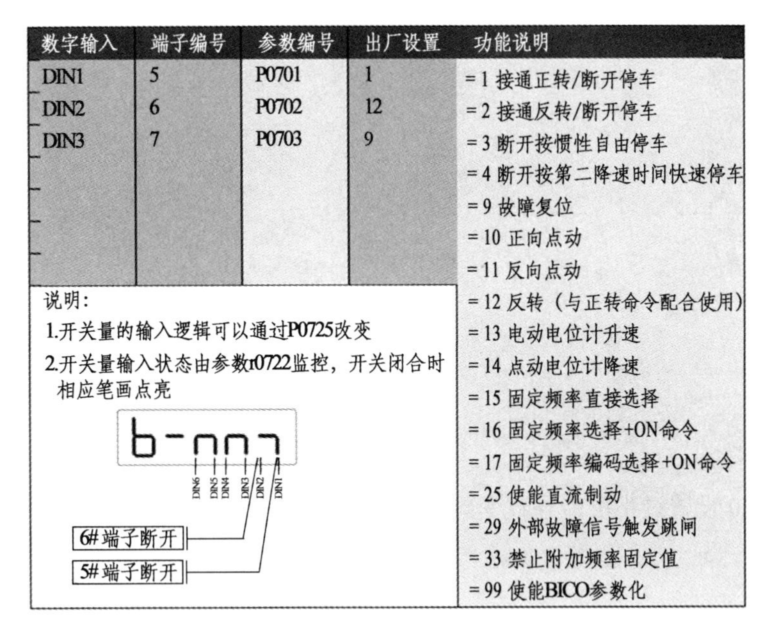

数字输入	端子编号	参数编号	出厂设置	功能说明
DIN1	5	P0701	1	=1 接通正转/断开停车
DIN2	6	P0702	12	=2 接通反转/断开停车
DIN3	7	P0703	9	=3 断开按惯性自由停车
				=4 断开按第二降速时间快速停车
				=9 故障复位
				=10 正向点动
				=11 反向点动
				=12 反转（与正转命令配合使用）
				=13 电动电位计升速
				=14 点动电位计降速
				=15 固定频率直接选择
				=16 固定频率选择+ON命令
				=17 固定频率编码选择+ON命令
				=25 使能直流制动
				=29 外部故障信号触发跳闸
				=33 禁止附加频率固定值
				=99 使能BICO参数化

说明：

1.开关量的输入逻辑可以通过P0725改变

2.开关量输入状态由参数r0722监控，开关闭合时相应笔画点亮

图 5-9　设定端子功能图

按照要求，把变频器的三相电源的输出端接到电动机的输入端，然后给设备通电；参照图 5-6 进行快速调试，设置好电机参数，接线图如图 5-10 所示。

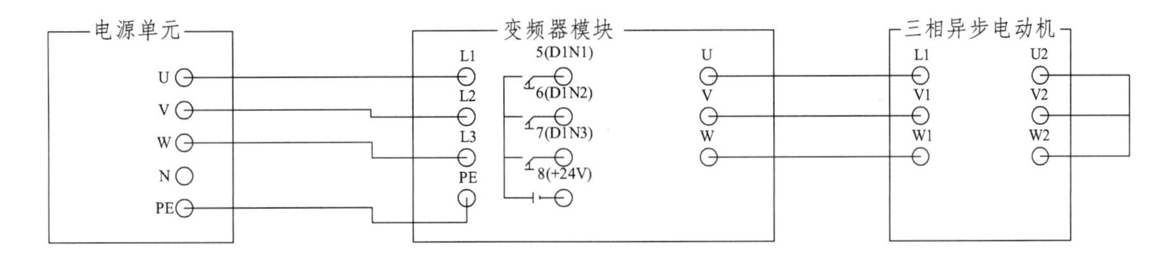

图 5-10　接线图

（1）用 MM420 变频器输入端子 DIN1、DIN2 对电机正反转实现控制。

方法一：参数设定：P0700=2，P0701=1，P0702=2，P1000=1。

方法二：参数设定：P0700=2，P0701=10，P0702=11，P1058=10，P059=10。

分别闭合断开 S1、S2 开关，观察电机运行状态。

（2）用 MM420 变频器输入端子 DIN1、DIN2、DIN3 对电机实现多段速频率控制。

参数设定：P0700=2，P0701=16，P0702=16，P0703=16，P1000=3，P1001=20，P1002=30，P1003=40。

分别闭合断开 S1、S2、S3 开关，观察电机运行状态，注意不要让两个及两个以上开关同时闭合。

5.4 MM420 的模拟量信号操作控制

1. 目的

（1）学会用 MM420 变频器的模拟信号输入端对电动机转速的控制。
（2）掌握 MM420 变频器基本参数的设置的方法。
（3）通过 BOP 面板观察变频器频率的变化。

2. 设备

（1）1 台变频器模块。
（2）1 台三相异步电动机。
（3）若干导线。

3. 例题

用开关 S1 和 S2 控制 MM420 变频器，实现电动机正转和反转功能，由模拟输入端控制电动机转速的大小。

4. 步骤

按照要求，把变频器的三相电源的输出端接到电动机的输入端，然后给设备通电。MM420 变频器有一路模拟量输入，可以通过 P0756 分别设置通道属性。如图 5-11（a）所示。以模拟量通道 1 电压信号 2 ~ 10 V 作为频率给定，需要设置，如图 5-11（b）所示。以模拟量通道 2 电流信号 4 ~ 20 mA 作为频率给定，需要设置，如图 5-11（c）所示。

参数号码	设定值	参数功能	说明
P0756	=0	单极性电压输入（0 至+10 V）	“带监控”是指模拟通道具有监控功能，当断线或信号超限，报故障 F0080
	=1	带监控的单极性电压输入（0 至 +10 V）	

（a）

参数号码	设定值	参数功能
P0757[0]	2	电压2 V对应0%的标度，即0 Hz
P0758[0]	0%	
P0759[0]	10	电压10 V对应100%的标度，即50 Hz
P0760[0]	100%	
P0761[0]	2	死区宽度

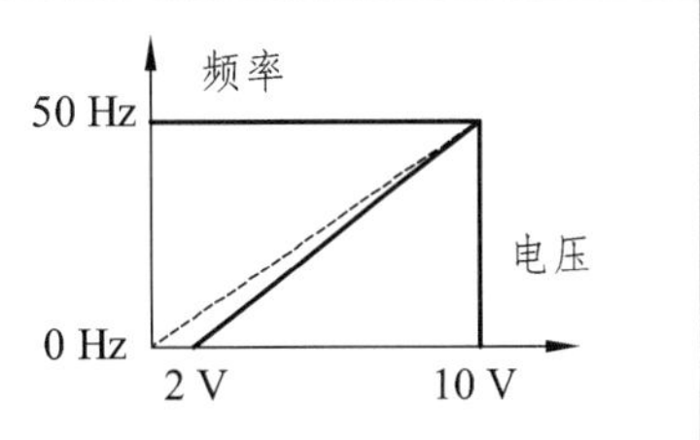

（b）

参数号码	设定值	参数功能
P0757[0]	4	电流4 mA对应0%的标度，即0 Hz
P0758[0]	0%	
P0759[0]	20	电流20 mA对应100%的标度，即50 Hz
P0760[0]	100%	
P0761[0]	4	死区宽度

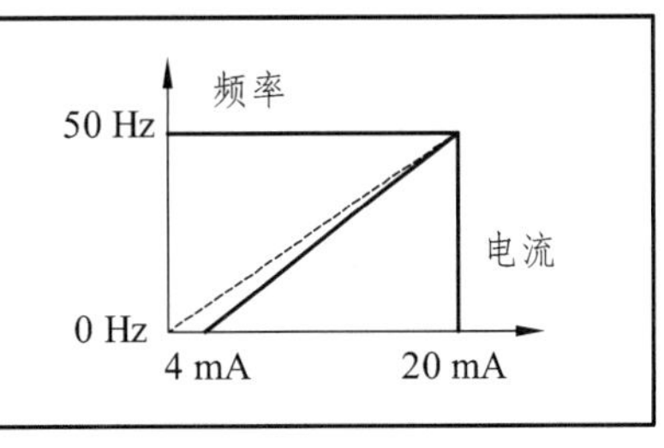

（c）

图 5-11　设置通道属性

电路接线如图 5-12 所示。MM420 变频器的“1”（+10 V）、“2”（0 V）输出端为用户的给定单元提供了一个高精度的+10 V 直流稳压电源。转速调节电位器 RPl 串接在电路中，调节 RPl 时，输入端口 AINI+给定的模拟输入电压改变，变频器的箱出量紧紧跟踪给定量的变化，从而平滑无级地调节电动机转速的大小。MM420 变频器为用户提供了一对模拟输入端口 AINl+、AINl−，即端口“3”“4”。

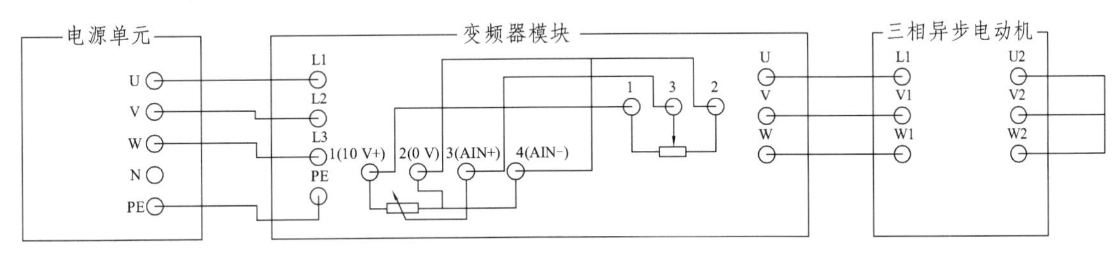

图 5-12　接线图

1）参数设定

（1）参照实训一进行快速调试，设置好电机参数。

（2）模拟量参数设置：

P0003=3，P0700=2，P0701=1，P0702=2，P1000=2，P0756=0，P0757=0，P0758=0，P0759=10，

P0760=100。

（3）a 电动机正转。

按下电动机正转开关 S1，数字输入端口 DIN1 为“ON”，电动机正转运行，转速由外接电位器 RP1 来控制，模拟电压信号在 0 ~ 10 V 变化，对应变频器的频率在 0 ~ 50 Hz 变化（通过 BOP 面板观察），对应电动机的转速在 0 至额定转速变化。当松开 S1 时，电动机停止运转。

（4）b 电动机反转。

按下电动机反转开关 S2，数字输入端口 DIN2 为“ON”，电动机反转运行，其他操作与电动机正转相同。

5.5 PLC 与变频器联机正反转控制

1. 目的

（1）熟练掌握 PLC 和变频器联机操作方法。

（2）熟练掌握 PLC 和变频器联机调试方法。

2. 设备

（1）1 台变频器模块。

（2）1 台三相异步电动机。

（3）若干导线。

3. 例题

通过 PLC 和 MM420 变频器联机，实现电动机正反转控制运转，按下正转按钮 SB2，电动机起动并运行，频率为 25 Hz。按下反转按钮 SB3，电动机反向运行，频率为 35 Hz。按下停止按钮 SB1，电动机停止运行，电动机加减速时间为 10 s。

4. 步骤

（1）I/O 分配如表 5-3 所示。

表 5-3　I/O 分配表

输入		输出	
地址	名称	地址	名称
I0.0	电动机停止按钮	Q0.0	电机正转
I0.1	电动机正转按钮	Q0.1	电机反转
I0.2	电动机反转按钮		

（2）接线图如图 5-13 所示。

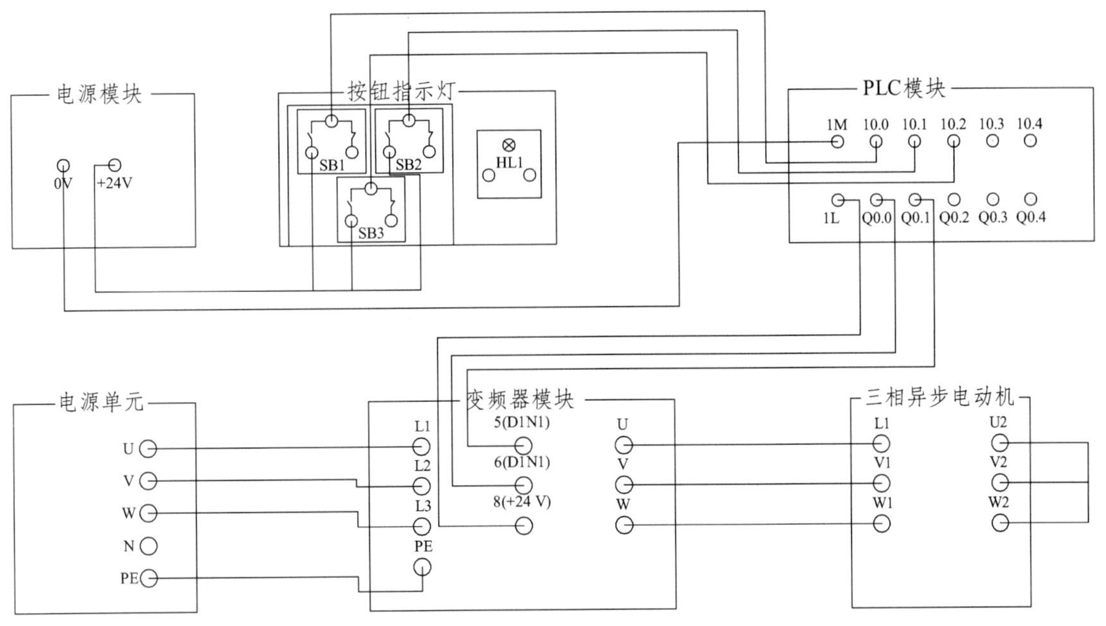

图 5-13　接线图

（3）参数设定。

P0700=2，P0701=1，P0702=2，P1000=1。

（4）程序编写如图 5-14 所示。

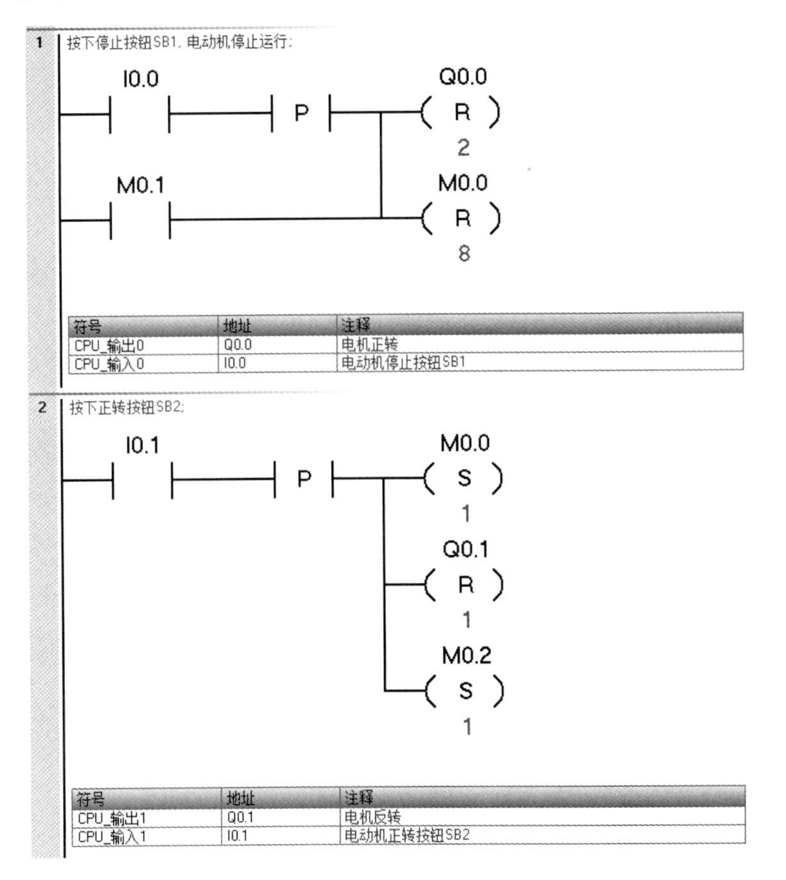

3 电动机启动并运行，频率为25HZ，电动机加减速时间为10s；

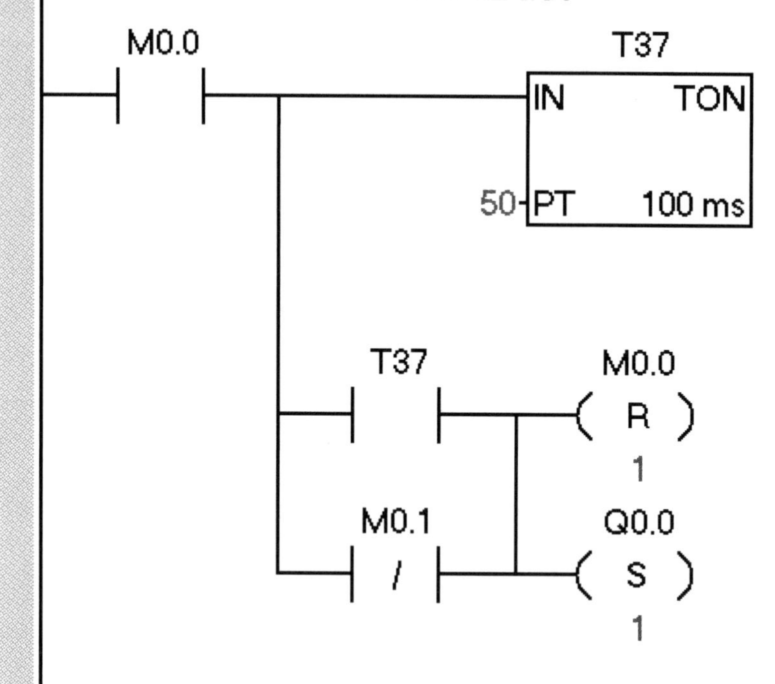

符号	地址	注释
CPU_输出0	Q0.0	电机正转

4 按下反转按钮SB3

I0.2

P

M0.1

S

1

Q0.0

R

1

M0.3

S

1

符号	地址	注释
CPU_输出0	Q0.0	电机正转
CPU_输入2	I0.2	电动机反转按钮SB3

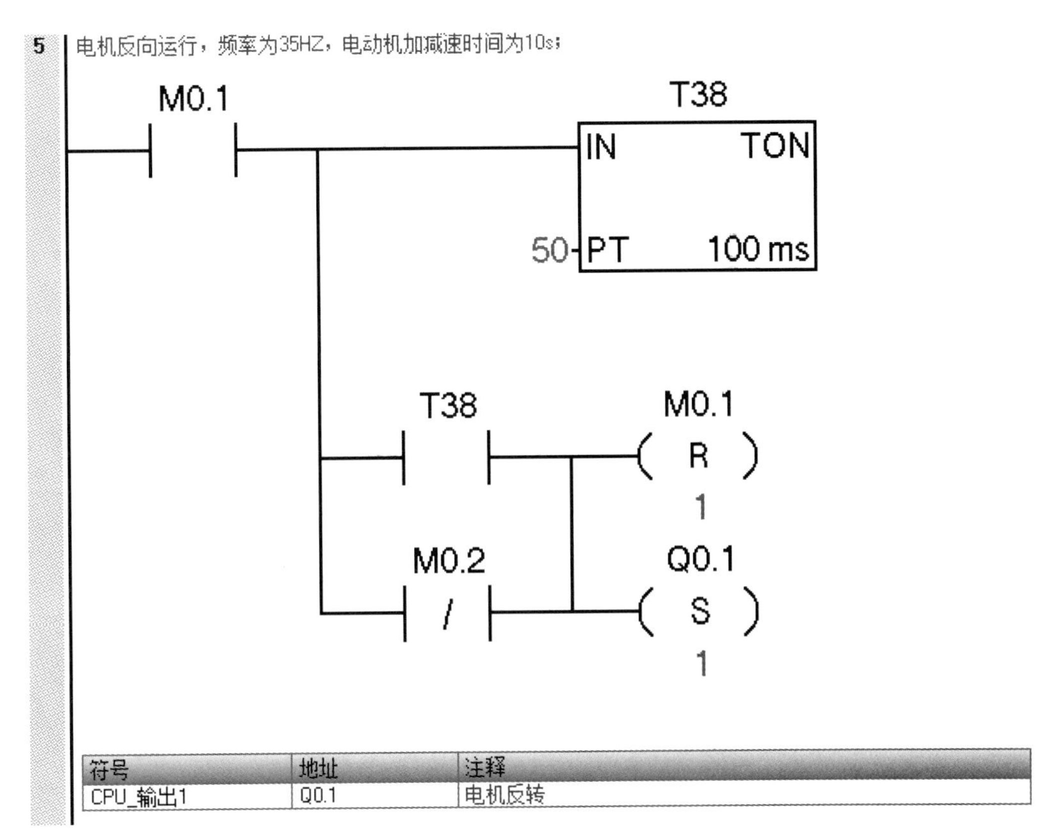

符号	地址	注释
CPU_输出1	Q0.1	电机反转

图 5-14　程序编写图

5.6　PLC 与变频器联机模拟量控制

1. 目的

（1）熟练掌握 PLC 和变频器联机操作方法。

（2）熟练掌握 PLC 和变频器联机调试方法。

2. 设备

（1）1 台变频器模块。

（2）1 台三相异步电动机。

（3）若干导线。

3. 例题

通过 PLC 和 MM420 变频器联机，可在 PLC 程序内监控电机正转运行频率，实现电动机正反转控制运转，按下正转按钮 SB2，电动机起动并运行，频率为 35 Hz。按下反转按钮 SB3，电动机反向运行，频率为 25 Hz。按下停止按钮 SB1，电动机停止运行，电动机加减速时间为 10 s。

4. **步骤**

（1）I/O 分配如表 5-4 所示。

表 5-4　I/O 分配表

输入		输出	
地址	名称	地址	名称
I0.0	电动机停止按钮	Q0.0	电机正转
I0.1	电动机正转按钮	Q0.1	电机反转
I0.2	电动机反转按钮		

（2）接线图如图 5-15 所示。

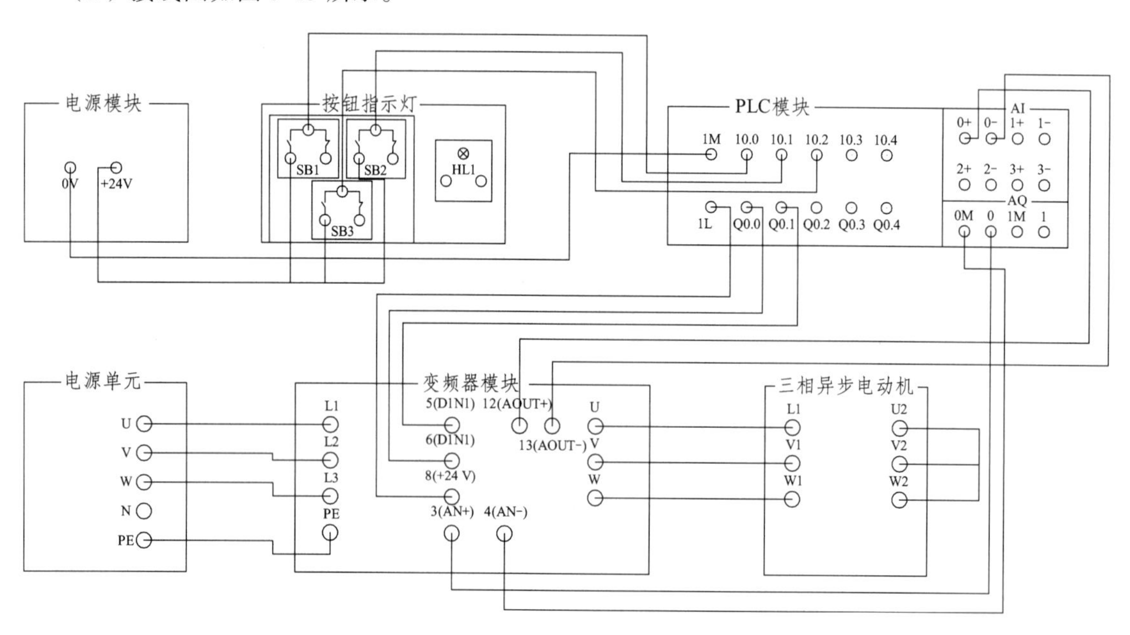

图 5-15　接线图

（3）参数设定。

P0003=3，P0700=2，P0701=1，P0702=2，P1000=2，P0756=0，P0757=0，P0758=0，P0759=10，P0760=100。

（4）程序编写如图 5-16 所示。

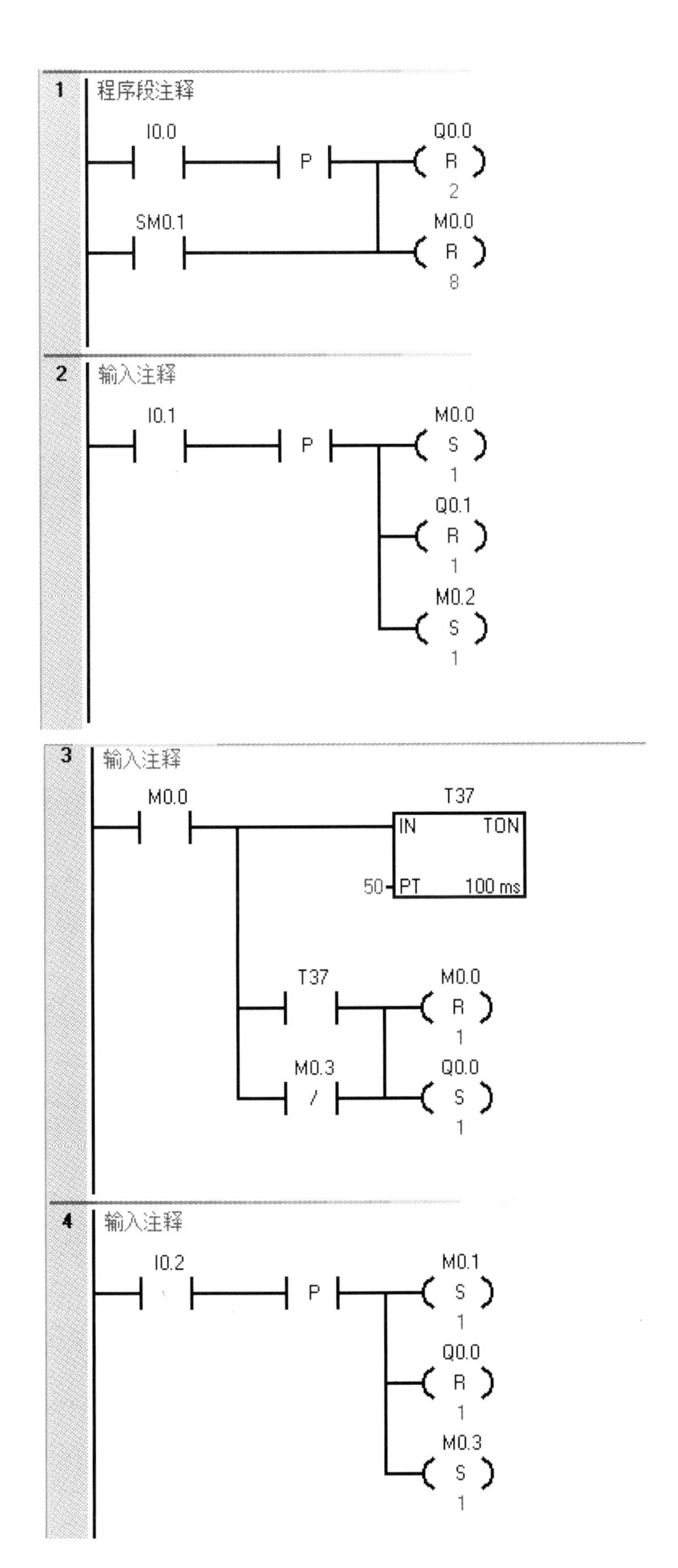
1
程序段注释
I0.0
P
Q0.0
R
2
SM0.1
M0.0
R
8
2
输入注释
I0.1
P
M0.0
S
1
Q0.1
R
1
M0.2
S
1
3
输入注释
M0.0
T37
IN
TON
50
PT
100 ms
T37
M0.0
R
1
M0.3
Q0.0
S
1
4
输入注释
I0.2
P
M0.1
S
1
Q0.0
R
1
M0.3
S
1

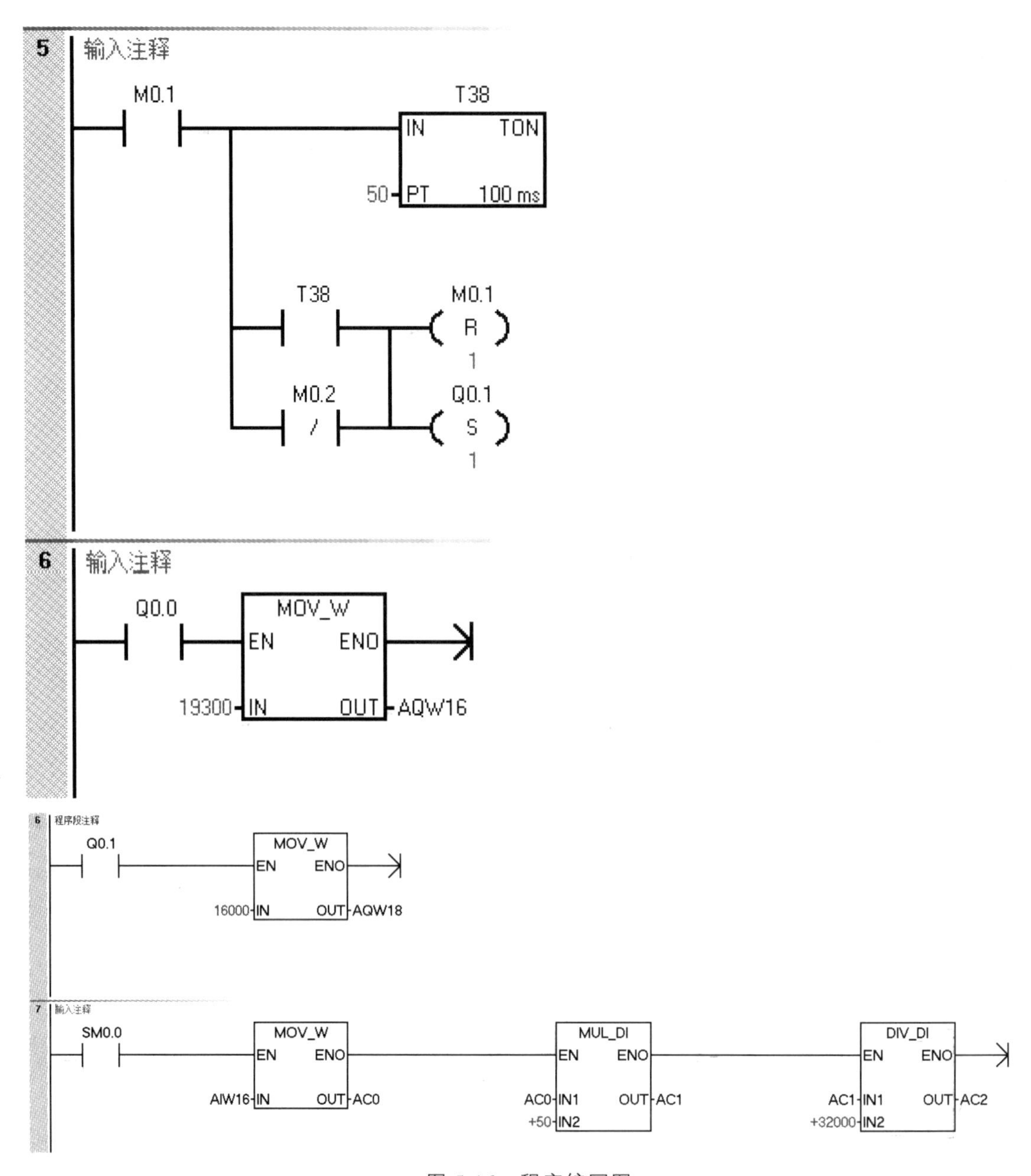
5
输入注释
M0.1
T38
IN
TON
50
PT
100 ms
T38
M0.1
R
1
M0.2
Q0.1
S
1
6
输入注释
Q0.0
MOV_W
EN
ENO
19300
IN
OUT
AQW16
6
程序段注释
Q0.1
MOV_W
EN
ENO
16000
IN
OUT
AQW18
7
输入注释
SM0.0
MOV_W
EN
ENO
AIW16
IN
OUT
AC0
MUL_DI
EN
ENO
AC0
IN1
OUT
AC1
+50
IN2
DIV_DI
EN
ENO
AC1
IN1
OUT
AC2
+32000
IN2

图 5-16　程序编写图

参考文献

[1] 李长久. PLC 原理及应用[M]. 北京：机械工业出版社. 2006.
[2] 廖常初. S7-300/400 PLC 应用技术[M]. 北京：机械工业出版社. 2005.
[3] 廖常初. S7-200 SMART PLC 应用教程[M]. 北京：机械工业出版社. 2005.
[4] 向晓汗、奚茂龙. 西门子 PLC 完全精通教程[M]. 北京：化学工业出版社. 2014.
[5] 崔坚主. 西门子工业网络通信指南[M]. 北京：机械工业出版社. 2005.
[6] 姜建芳、苏少钰，等. 西门子 S7-300 系列 PLC 与 PC 机通信实现的研究;《制造业自动化》. 2003.
[7] 吕景泉、汤海梅，等. 电机拖动与变频调速[M]. 上海：华东师范大学出版社. 2014.
[8] 牛云陞. 电气控制技术[M]. 北京：北京邮电大学出版社. 2013.
[9] 吴浩烈. 电机及电力拖动基础[M]. 重庆：重庆大学出版社. 1996.
[10] 崔坚. 西门子工业网络通信指南[M]. 北京：机械工业出版社. 2015.
[11] 刘小春. 电气控制与 PLC 应用[M]. 北京：人邮电出版社. 2015.